KB138186

우리 역사 속
수학 이야기

흥미로운 조상들의 수학을 찾아서

우리 역사 속 수학 이야기

이장주 지음

사람의무늬

조선시대 퇴계 이황 선생님의 〈도산12곡〉 중에서 후 6곡 제 3수의
내용은 다음과 같다.

고인(古人)도 날 못 보고 나도 고인(古人) 못 뵈
고인(古人)을 못 봐도 녀던 길 앞에 있네
녀던 길 앞에 있거든 아니 보고 어쩔고

옛날 분들은 나를 보지 못하고, 나도 그 훌륭했던 조상들을 볼 수
가 없다. 그런데 그 조상님들을 직접 볼 수는 없어도 그분들이 갔던 길
과 행적, 사고와 글들은 남아 있다. 그것들이 앞에 있는데 보지 않을
수는 없다. 왜냐하면 현재 내 피와 살은 그분들로부터 나온 것이기 때
문이다.

이 책을 쓰면서, 이 땅에서 김치와 된장과 고추장을 같이 먹은 선조
기 갔던 길을 보는 것은 얼마나 신나고도 아름다운 일인가 히는 생각이
들었다.

그 신나고 아름다운 일을, 사랑하는 이 땅의 사람들에게 들려준다

는 일은 굉장히 보람 있는 일이다.

언젠가 남북한이 통일이 되고 이 땅의 모두가 조상의 뛰어난 수학 실력을 이야기하는 장면을 꿈꾼다. 내가 어렸을 적에 '우리나라의 수학은 존재하였을까?' 또는 '우리나라 역사에서 과연 수학이 천대 받았을까?' 하는 의문이 들 정도로 우리의 수학을 너무 모르고 살았다. 그러나 연구를 하면 할수록 우리는 수학적으로 뛰어난 민족이고 과학정신이 우수한 민족이라는 것을 알았다. 이제 확신이 들고 자부심이 생겨서 감히 조상님들의 위대한 이야기를 전하려고 한다.

이 책을 쓰면서 여러분들의 도움을 많이 받았다. 특히 2부 1장~4장의 경우, 국민대 수학과 수학교육론 강의를 통해 흥미로운 자료와 좋은 글들을 많이 받았다. 이 자리를 통해 도와준 학생들에게 고마움을 전한다.

1장 신기해, 최진아, 박지현, 서혜진, 안현정

2장 이선미, 김지율

3장 박미정, 고은선, 이재연, 김태현

4장 김유리

세종대왕이 창제한 한글

조선 역사에서 가장 위대한 두 인물을 꼽으라면, 충무공 이순신과 세종대왕을 들 수 있다. 이 두 분은 모두 고난과 시련에 맞서 자신과의 싸움에서 승리했고, 악조건에도 굴하지 않으며 불가능해 보이는 일을 가능한 일로 이뤄냈다.

세종대왕은 책 읽기를 너무 좋아해서 아버지 태종과 어머니 원경왕후가 엄청나게 걱정을 했다고 한다. 태종은 책을 그만 읽으라며 책을 다 치워버릴 정도였다. 세종대왕은 우리만의 소리글자를 만드는 데 수학적인 질서를 적용하여 형태를 운용함으로써 소리와 문자 사이의 상호 관계를 분명하게 확인할 수 있는 명쾌한 구조의 문자를 만들었다.

한글은 자음과 모음을 서로 조합하고 거기에 다시 받침을 더하여 11,172자라는 엄청난 '경우의 수'를 만들어낸다. 여기에는 세종의 과학정신, 더 자세히 이야기해서 수학이 숨어 있다. 서로 다른 소리를 구분하여 표기하기 위한 단순 기호 문자인 알파벳을 비롯한 다른 문자들

조선시대 산학과 깊은 관련이 있는 분들

이름	주요 활동
경선징(慶善徵;1616-?)	『묵사집산법(默思集算法)』 등의 수학책을 지음. 전통수학의 방법을 부활시킴.
김시진(金始振;1618-1667)	전라도 관찰사로 『산학계몽(算學啓蒙)』을 중간(重刊)하였음(1660).
홍정하(洪正夏;1684-?)	조선 최고의 수학자. 『구일집(九一集)』 등의 산학서를 지음. 산학에서 더 나아가 현대적 의미의 순수수학을 연구하기 시작했음.
조태구(趙泰耉;1660-1723)	『주서관견(籌書管見)』 등 지음. 역리적 수론에 관심을 가짐.
황윤석(黃胤錫;1719-1791)	『산학입문(算學入門)』 등 지음. 계몽적 실학의 입장에서 백과전서 이수신편 편찬.
홍대용(洪大容;1731-1783)	『주해수용(籌解需用)』 등 지음. 실학의 입장에서 수학 연구.
배상설(裵相說;1759-1789)	『서계쇄록(書計瑣錄)』 등 지음.
이상혁(李尙爀;1810-?)	『익산(翼算)』 등을 저술, 독창적인 수학적 아이디어(예를 들어 퇴타술 등)를 가지고 현대적 의미의 수학책을 저술하였음.
남병길(南秉吉;1820-1869)	『구장술해(九章術解)』 등 지음. 무이해(無異解)에서 방정식 연구.
조희순(趙羲純)	특이하게도 무인 양반 출신으로, 창의적인 구고술을 연구한 조선시대 마지막 산학자. 『산학습유(算學拾遺)』(1867) 지음.

과 달리, 한글은 소리의 변화를 문자 형태에 적극적으로 반영시키는 일련의 '수학적' 조작이다.

세종대왕이나 충무공의 업적은 그 분들의 위대함으로 가능했지만, 수없이 많은 우리 조상의 땀과 노력이 밑받침되었음을 잊어서는 안 된다. 그 중에서도 수학과 관련된 우리 조상의 정신은 오늘에 되살려 아무리 강조해도 지나치지 않다.

이 책 전반에 걸쳐 되도록 산학자와 그 주변의 이야기를 풍부하게 서술하려고 노력했다. 우리 조상들의 위대한 정신을 만나고, 더불어 풍부한 교양을 습득할 수 있을 것이라 기대한다. 물론 표에 언급한 수학자를 모두 소개하고 업적을 기리는 것이 마땅하겠으나 그것은 좀더 천천히 시간을 두고 연구해야 할 과제라고 생각한다.

이 책은 1부에서 우리의 옛 산학과 관련된 인물 몇 사람을 소개한다. 그리고 새로운 문명이 들어오는 시기에 나라를 구하기 위해 처절한 노력을 하신 수학과 관계된 독립운동가 두 분을 대표로 소개한다. 2부에서는 산학 그 자체와 관련된 여러 가지 흥미로운 일을 수학적인 영감을 불러일으키도록 쉽게 설명한다.

우선 1부 1장 '세종도 수학을 배웠다'에서 세종과 수학에 관련된 여러 사건을 소개하고 이어서 숙종 때의 중국 사신 하국주와 우리의 수학자 홍정하, 유수석 간의 대화를 상상을 동원하여 꾸몄다. 그리고 조선 선비의 전형이자 새로운 과학을 받아들이는 데 주저함이 없던 담헌 홍대용을 소개한다. 다음으로 시대의 아픔을 고스란히 겪으면서도 수학을 공부하고 수학책을 저술한 이상설 선생님에 대해 알아본다. 또한 수학으로 나라를 구하기 위해 교육을 시도한 남순희와 관련된 자료를 발굴하여 소개한다.

다음으로 2부에서는 경주로 가서 타임머신을 타고 우리 고대 수학 유물을 만날 것이다. 삼국과 고려시대의 산학을 간략히 살펴봄으로써 당시의 수학의 정도를 추측할 수 있을 것이다. 다음으로 신비한 마방진을 영의정 최석정과 같이 구경하고, 조선 산학이 가지는 매력적인 요소, 즉 조선 산학의 여러 알고리즘을 간략히 소개한다. 그 다음 지금의 수학시험에 옛 수학의 내용이 출제될 수 있는지 연구해보는 시간을 가질 것이다. 이어서 조선 산학을 일단락 짓는 의미에서 명장면 24가지를 직접 뽑아서 만든 병풍을 소개한다.

마지막으로 조선시대 수학을 총정리하는 의미로 조선 산학의 환경과 양반 산학자들에 대한 설명을 덧붙였다.

본문 구성은 조선 초부터 중기 이후까지의 산학과 관련된 위대한 조상의 업적을 순서대로 구경한 다음에 근대를 살피며 감사하는 시간을 갖고, 우리 산학의 여러 요소들을 구경하도록 배려하였다. 자, 이제 함께 책을 열기로 하자.

차 례

인물로 보는 역사 속 수학 이야기

Part 2
무궁무진한 우리의 옛 수학

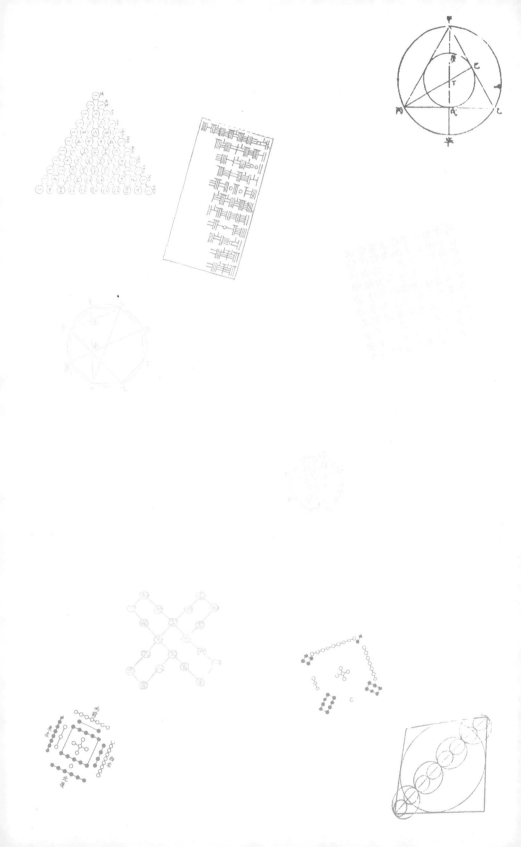

인물로 보는
역사 속 수학 이야기

1

세종도 수학을 배웠다

–세종의 수학 사랑

조선시대에 제일 훌륭한 임금은 누구라고 생각하니? 대부분 세종대왕이라고 대답하겠지. 그렇다면 세종대왕이 왜 훌륭한지 이야기해 볼 수 있니? 우선, 한글을 창제하고, 과학을 중흥시켜 국가를 부강하게 한 임금이라고 대답하겠지. 그런데 과학을 '어떻게' 중흥시켰는지 이야기해 보라고 하면 당시에 발명된 측우기 같은 과학기구를 예로 들 수 있을 거야. 여기서 한번 물어보자. 과연 세종대왕은 이 모든 기구의 이치를 알고 있었을까? 그 기구를 만들 때 과연 세종의 영향력은 얼마나 컸을까? 결론부터 이야기하면 세종은 이런 발명품의 원리를 모두 파악하고 있었어. 왜냐하면 수학 과외를 받았으니까. 네가 알다시피, 수학은 사람이 사는 세상살이의 기본이잖아.

세종은 재위 12년 되던 해에 『계몽산법』이라는 당시 최신 수학책을 공부했어. 개인적으로 시간을 내어 따로 배운 것이지. 『계몽산법』은 책머리에 구구단부터 적혀 있는 완전한 수학책인데, 그 수학책을 가지고 업무 외 시간을 내어 공부하였지. 세종은 과학기구 발명이나 농업기술 발전에 큰 관심을 갖고 있었는데, 이를 위해서는 반드시 수학을 공부해야 한다는 사실을 알고 있었어. 임금이 바쁘고 피곤한 몸을 이끌고 수학 공부를 한다는 사실이 알려지자 신하들은 걱정을 많이 했을 거야. 신하들을 안심시키기 위한 세종의 생생한 말씀이 〈조선왕조실록〉에 기록되어 있을 정도야. 이를 통해 세종 때 발전한 과학은 임금부터 수학을 중요한 학문으로 여긴 데서 비롯되었다고 할 수 있어.

세종의 핑계

〈조선왕조실록〉을 보면 세종이 수학을 배웠다는 기록이 나온다. 세종은 그것을 왜 배웠을까?

나라의 모든 살림을 현명하게 처리하려던 세종은 모든 일의 밑바탕에 수학이 있다는 것을 직감했다. 예를 들어 고려의 멸망 원인이었던 조세 제도의 문란 같은 것을 바로잡으려면, 측량과 계산을 정확히 해야만 했다. 그런데 측량과 계산이야 말로 수학이 바탕이 되는 것이다. 그래서 세종대왕은 수학 공부를 하려고 마음먹었다. 그런데 훈민정음 창제 때 유학자 최만리가 목숨을 걸고 반대했던 것처럼, 임금님이 수학을 배우려 하자 신하들은 말이 많았다. 이것은 한편으로 보면 조선시대가 임금이 자기 멋대로 하고 싶은 일을 하는 것이 아니라 신하들의 의견을 존중하는 체제였음을 말해준다.

어쨌든 신하들은 '수학은 산학자나 호조에서 필요한 관리들만 공부해도 될 텐데, 그렇지 않아도 정사에 바쁜 임금님이 그런 것까지 공부하실 필요가 있을까?' 라고 생각했을 것이다. 세종은 신하들에게 약간은 미안했을 것이다. 많은 국사가 기다리고 있고, 게다가 공부에 지쳐 피곤한 모습을 신하들에게 보이고 싶지 않았기 때문이다. 신하들의 걱정에 세종이 과연 뭐라고 대답했을까?

世宗 12年(1430년) 10月 23日

○上, 學《啓蒙算》, 副提學鄭麟趾入侍待問, 上曰: "算數在人主無所用, 然此亦聖人所制, 予欲知之."

–임금이 직접 수학을 필요로 하는 일은 없을 것이나 수학은 중국 고대의 성인들이 제정한 학문이라서 나는 그것을 배우려고 한다.

당시 조선왕조는 유교를 국가의 기본으로 삼는 나라였다. 따라서 조선 선비들이 으뜸으로 치는 인물은 당연히 유교를 만들고 발전시킨 중국 고대 성인들이었다. 세종은 "수학을 구태여 임금인 내가 배울 필요는 없다. 그런데 성인도 수학을 중요시하고 잘 알았기 때문에, 나는 그 성인들을 본받으려고 한다."라고 말했다. 이 말은 세종이 얼마나 똑똑한지 보여준다.

성인 중의 한 사람인 공자의 첫 번째 벼슬은 '위리'라는 벼슬이었다. 이는 궁궐 안 재산 목록을 작성하고 계산을 하는 벼슬이다. 다시 말해 창고에 있는 물품을 기록하고 그 가치를 계산하는 수학자의 역할을 하는 벼슬임이 틀림없었다. 지금으로 얘기하면 국가의 통계청장에 해당한다. 따라서 공자는 일찍부터 수학의 중요성을 알았을 것이다. 육예를 선비의 기본 덕목으로 하고, 조선시대 내내 공무원 임용시험 과목으로 정한 것도 육예 안에 수학 같은 중요한 과목이 있었기 때문이다. 조선시대 양반들이 닦은 육예란 유교에서 전통적으로 배우고 익히던 공부 과목으로 예禮, 악樂, 사射, 어御, 서書, 수數(예절, 음악, 궁술, 말타기, 서도, 수학)를 말한다. 당시 신하들의 반대 의견을 '성인도 수학을 하였는데, 나도 성인들을 본받아 수학을 하겠다'라는 단 한마디로 꼼짝 못하게 했던 그 순발력과 기지는 대단하다.

세종대왕은 피곤함도 무릅쓰고 총 32년간의 재위 기간 중 초기에 해당하는 재위 12년 10월에 당시 집현전의 정3품 당상관이었던 부제학 정인지와 함께 수학을 배웠다. 부제학이란 벼슬은 왕의 자문에 응하기도 하고 경서經書와 사적史籍을 관리하는 삼사三司 장관의 한 명으로, 나랏일에서 아주 중요한 역할을 수행했던 자리다. 지금의 대통령 비서실장에 해당될 수 있다.

당시 사대부들은 유교의 기본 동양철학에 정통했다. 더 설명하자면, 수학을 바탕으로 하는 동양철학의 한 분야에 정통하고 있었다. 따라서 모두 수학을 잘 알고 있었다. 특히 정인지 같은 대학자는 수학에 정통했다. 한글이 수학적 원리와 철학적인 원리를 다 함께 지닌 훌륭한 문자가 될 수 있었던 배경에는 바로 이런 수학이 숨어 있었기 때문이다.

정인지로부터 수학을 배운 세종은 드디어 날개를 달고 과학 발명품과 천문학 지식을 습득했다. 수학의 필요성을 깊이 깨우친 세종은 정3품 이상 벼슬을 가진 관리들에게 수학책을 하사해 "이 책을 보고 공부를 해라. 한 달 후에 시험을 보겠다. 점수가 나쁘면 불이익을 받도록 하겠노라."라고 말했다. 세종의 수학 공부를 반대하던 신하들은 거꾸로 된통 당한 셈이다.

세종의 수학 공부법

앞에서 이야기한 세종이 배운 『계몽산법』이라는 수학책을 정3품 이상의 관리들은 시험을 보기 위하여 아마도 열심히 공부했을 것이다. 그런데 더 놀라운 사실은 한 사람의 낙오자도 없이 모두 그 시험을 무난히 통과했다는 사실이다. 이것으로 보아 당시 양반들이 어느 정도 수학을 했는지, 또 어느 정도의 수학적 소양이 있었는지 알 수 있다. 아마도 조선시대 유학자는 수학을 기본 교양으로 생각했기 때문에 별 어려움 없이 그 시험에 통과할 수 있었을 것이다.

공자님이 닮으려고 했던 『주역』을 만들었다는 성인 주공은 육예를 통해 몸과 마음을 닦는 공부를 하도록 했는데, 공자가 주로 가르친 것이 바로 이 육예이다. 육예 중 하나가 수학이다. 조선 초기 양반에게 국가 경영에 필요한 과학의 밑바탕이 되는 수학은 일종의 교양 과목 같은 역할을 했을 것이다.

천문학에서 고도의 수학적 지식이 필요한 것은 물론이지만, 음악에서도 음계가 현 또는 관의 길이와 비례하는 등 수학적 지식이 사용된다. 또 농지를 측량할 때는 필연적으로 기하학적 문제를 다루어야한다. 그밖에도 세종의 한글 창제 역시 수학과 무관한 것은 아니었다. 직접 수학적인 지식이 쓰인 것은 아니었지만, 한글의 구성에는 분석과 종합 그리고 현대 암호와 행렬, 부호이론이 있다는 것이 현대 수학자들에 의해 속속 밝혀지고 있다. 다시 말해 세종의 주요 업적은 예외 없이 모두 수학 정신 내지는 수학지식이 직접 필요한 것뿐이었다. 이뿐만이 아니라 세종은 문관 등용의 시험과목에도 수학을 포함시키는 방안을 정인지에게 명해서 연구한 적도 있었다. 물론 그 당시의 수학 즉, 산학은 역법(천문학)을 하기 위한 수단이라는 측면이 있었다.

양반들에게 수학시험을 보게 해서 한껏 괴롭힌 세종은 다시 그 양반들의 아들 중에서 수학에 소질이 있는 아이들을 뽑아 당시의 수학선진국인 중국으로 유학을 보냈다. 약 20여 명이 뽑혀 북경으로 가 수학과 과학을 공부하고 돌아왔다는 기록도 보인다. 지금으로 이야기하면 외국 유학으로 수학에 쏟았던 세종의 정성이 얼마나 대단한지 알 수 있다.

〈세종실록〉 25년 11월 17일에 세종이 집현전의 도움을 받으라고 승정원(즉 지금의 청와대 비서실)에 지시한 내용을 보자.

○上謂承政院曰: "算學雖爲術數, 然國家要務, 故歷代皆不廢。程, 朱雖不專心治之, 亦未嘗不知也。近日改量田品時, 若非李純之, 金淡輩, 豈易計量哉? 今使預習算學, 其策安在? 其議以啓。" 都承旨 李承孫啓: "初入仕取才時, 除《家禮》, 以算術代試何如?" 上曰: "令集賢殿考歷代算學之法以啓。"

─ 수학은 국가 행정에 필수적이다. 역대 왕조가 모두 수학을 중요시 한 것은 이 때문이다. 고대 선현은 이 사실을 통찰하고 있었을 것이다. 최근 농지를 등급별로 측량하는 데 있어 이순지 등과 같은 수학적 지식이 없었으면 그 어려운 계산을 능히 할 수 있었을까? 널리 수학을 익히게 하는 방안을 강구하여라.

여기서 우리는 몇 가지 사실을 알 수 있다. 우선 역대 왕조라는 말에 주목할 필요가 있다. 즉 조선 이전인 삼국시대와 신라 그리고 고려 왕조 모두 수학을 중요시하였다는 뜻이다. 이것은 우리 조상들이 역사적으로 수학을 중요시했다는 뜻일 것이다. 그리고 수학이 모든 생활의 밑받침이 되고 기본이 된다는 인식을 정확히 하고 있었다는 사실을 알 수 있다. 또 널리 수학을 익히게 하는 방안을 강구하라는 말씀에서 한글 창제 같은 수학의 일반화와 대중화까지 생각할 수 있다. 이것은 임금이 수학을 현실적인 필요 이외에 인간 계발을 위한 방법으로 인식하고 있었다는 것을 보여준다.

선조들의 훌륭한 수학 실력

세종 20년에 제정된 교육과정 중에서 수학교과는 상명산·양휘산·계몽산·오조산·지산의 5교과로 되어 있다. 이중에서도 특히 『상명산법』(1375)·『양휘산법』(1274-1275)·『산학계몽』(1299) 세 가지 책은 중요시되었는데, 〈경국대전〉 속에 수학자를 뽑는 시험 과목으로 명시된 사실에서도 알 수 있다. 이 세 가지 책은 중국에서 만들어진 것을 우리나라에서 복각한 것이다. 『양휘산법』은 일종의 수학교과서였다. 이제 우리 선조들의 수학 실력을 가늠하기 위해 조선시대 수학교과서인 『양휘산법』을 자세히 살펴보도록 하자.

　이 책은 일곱 권으로 이루어졌는데, 그 중 제 1권 첫머리에 습산 강목이 있다. 그 부분의 주된 내용인 교과 편성을 이해하고, 지금의 교육과정과 비교하는 것은 선조들의 수학 교과서를 엿본다는 면에서 흥미롭다. 그 내용은 목차와 다른 수학책들과의 비교, 그 내용을 학습하는 일수와 분량 등 요즘으로 말하면 일러두기 겸 총론과 교과 진도표를 합한 것으로 볼 수 있다.

　또한 습산 강목에는 구구단으로부터 상승(上乘)·하승(下乘)에 관한 승제가감용법(乘除加減用法)과 인(因, 1위수의 곱셈)·승(乘, 다위수의 곱셈) · 손(損, 보수의 곱셈) 등에 관한 인승손의 삼법칙 등과 산대 계산의 원리(주판의 원리) 등이 실려 있다.

『양휘산법』의 전반적인 내용은 초등학교 수준을 훨씬 넘는다. 예를 들어 제곱근, 세제곱근, 네제곱근, 고차방정식 같은 것도 다룬다. 주산 이전 단계인 산대 계산에 이용되는 속산법 내용이 들어 있고, 방정식 풀이는 증승개방법으로 설명하였다.

이 책에서 눈여겨볼 점은 곱셈과 나눗셈에 관한 단순한 암기와 기술적인 방법을 설명하는 것에 그치지 않고, 자릿수를 통하여 곱셈과 나눗셈에 관한 이해를 자연스럽게 설명한 점이다. 따라서 조선시대 우리 선조들의 수학 실력은 우리가 상상하는 것보다 더욱 뛰어나지 않았나 예측할 수 있다.

『양휘산법』에는 교과를 익히는 데 필요한 단위를 1일로 적어 놓았다. 여기서 1일 학습시간을 몇 시간으로 볼 것인가 하는 문제가 따른다. 사실 현재도 학생들의 다양한 능력을 고려할 때 정확히 어떤 단원을 배우는 데 몇 시간을 고집하지 않고, 단위를 하루로 잡은 것은 명확함의 측면이 아니라 학생의 입장에서 너그러운 자세일 것이다. 굳이 하루를 몇 시간으로 환산할까 생각한다면 식사시간을 제외하고, 조그마한 일들을 제외한 거의 대부분의 시간을 학습시간으로 잡는 것이 타당할 것이다. 현재 고등학교 하루 수업시간인 7, 8교시 정도를 생각하면 대략 맞다. 또한 『양휘산법』 습산 강목에서는 사칙연산 개념 학습에 모두 1일을 배정하였다. 계산을 익히는 데 있어 덧셈은 3일, 뺄셈은 5일, 곱셈은 5일, 나눗셈은 14일 정도를 배정하였다. 지금의 교육과정에서는 덧셈과 뺄셈을 같은 시간으로 배정하였고, 나눗셈보다 곱셈에 더 많은 시간을 배정하고 있다. 그러나 『양휘산법』은 학습자가 어려워하는 내용에 더 많은 시간을 배정하고 있다.

경상도 도지사가 청와대에 수학책을 100권이나 보내다

세종 때에 있었던 일 한 가지를 더 소개한다. 우리가 보통 윗사람에게 인정받으려면 윗사람이 좋아하는 것을 선물하거나, 좋아하는 행동을 하는 경우가 있다. 마찬가지로 조선시대 신하들은 '어떻게 해야 임금에게 좋은 평가를 받을 수 있을까?' 하고 고민을 많이 했을 것이다.

이런 이치로 세종 때 지방의 수령들이 세종의 눈에 들려고 한양으로 물건을 진상하였다. 당연히 세종이 좋아하는 물건이었다. 만약 네가 부모님한테 용돈을 받거나 무엇을 사달라고 하고 싶을 때 아빠 어깨를 주물러 드리거나 직접 방청소를 하는 것과 같은 이치이다. 세종 때에 경상도 감사(이 분은 이 책을 증정할 당시 곧 관찰사로 승진한다)가 있었다. 경상도 감사는 지금으로 이야기하면, 도지사에 해당하는 자리였다. 도지사는 그 당시에도 높은 벼슬이었다. 그런데 지방에 있다 보니까 수도인 한양으로 가고 싶고, 혹은 더 높은 관직을 생각했을 것이다. 따라서 임금님의 눈에 드는 선물이나 행동을 하려고 노력했다. 〈조선왕조실록〉에 그 선물에 관한 이야기가 적혀 있다.

世宗 15年(1433) 8月 25日

○慶尙道監司進新刊宋《楊輝算法》一百件, 分賜集賢殿．戶曹, 書雲觀習算局。

– 경상도 감사가 『양휘산법』 100권을 왕에게 진상하였다. 이 책들을 집현전, 호조와 서운관의 습산국으로 보내어 공부하게 하였다.

자, 이것이 무엇을 뜻할까? 연산군이 좋아했던 것은 술이었고, 세종이 좋아했던 것은 바로 수학책이었다. 『양휘산법』은 그때 당시 가장 최신 수학책이었다. 경상도 감사는 중국에서 그 책 한 권을 어렵게 구입하여 그 내용을 한 자 한 자 나무에 새겼다. 이것은 지금 우리가 목판본이라고 부르는 것이다.

지금이야 책 한 권을 복사기에 복사하거나 학교 앞 제본 가게에 맡겨 후딱 똑같은 내용을 책으로 만드는 일이 아주 쉬운 일이니, 이게 뭐 그리 대단한 일인가 실감이 안 날 것이다. 그러나 그 당시로 돌아가서 네가 경상도 감사의 입장에서 귀한 책을 어렵게 구해서 나무에 새겨 한지에 한 장 한 장 찍는다고 생각하면, 아마 한숨이 나올 것이다. 당시는 『양휘산법』을 아마존에서 주문하면 그 책이 비행기를 타고 국제택배로 날아오는 시대가 아니다. 중국에 가는 사람에게 『양휘산법』을 부탁하면 아마 갖고 오는 데도 족히 1년은 걸렸을 것이다.

아무튼 이 책을 세종한테 바치니 세종이 크게 기뻐했다. 진귀한 음식이나 비단이 아니라 수학책을 백 권이나 한양으로 보냈다는 것은 세계 역사상 유례가 없는 사건이다. 어느 나라에서 신하가 왕에게 수학책을 바쳤을까? 지금으로 얘기하면 경상도 도지사가 청와대에 수학책 100권을 바친 것과 마찬가지다. 물론 그 도지사는 약간 특이하다는 평가를 받을 것이다. 물론 대통령도 수학 공부를 할 리 만무하다.

세종이 이 책을 받고 크게 기뻐하며 이 책을 요긴하게 쓸 부서에 골고루 나누어 주었다는 기록이 위에 나와 있다. 하사한 기관들을 살펴보자. 먼저 집현전은 조선 최고의 수재들이 모여 공부하는 곳이다. 여기서 수학을 공부하게 했다는 이야기는 조선 초 양반들 중에서 학식이 깊은 자들은 수학을 중요하게 여겨 사서삼경과 함께 공부하였다는 뜻이다.

다음 기관인 호조는 조선의 행정기관이다. 육조의 하나로, 호구, 공납, 부사, 조세 및 국가 재정과 관련된 부분을 담당하였다. 오늘날의 기획재정부에 해당한다. 수학책을 호조로 보낸 것은 그만큼 실제 국민의 경제생활과 수학이 불가분의 관계임을 임금이 잘 이해했음을 의미한다.

그리고 서운관, 관상감이라고도 하는데 이 곳은 점치는 일과 풍수지리와 천문을 담당하는 기관이다. 주로 공무원 임용시험인 취재에 의해 뽑힌 중인 산원들이 일했던 곳이다. 계산을 담당하는 관청이란 의미인데, 지금으로 이야기하면 천문을 위한 통계청 정도다. 이처럼 참 요긴하게도 골고루 책을 나누어 수학을 배우고 이용하고 실제에 적용시켰음을 보게 된다.

이 책을 바친 경상도 감사는 어찌 되었을까? 물론 감사는 그 뒤에 승진을 하게 된다. 한양으로 올라와 관직에 올랐다는 기록이 남아 있다. 이 정도면 세종이 어떤 임금인지 알 수 있다. 세종대왕 때는 각종 출판 사업이 왕성하게 일어났는데, 당연히 수학책도 인쇄되었다. 그러다가 홍정하, 최석정, 조태구 등의 걸출한 수학자가 나타난다. 이후 영조와 정조 전, 후 시대 실학자들과 선비들을 중심으로 다시 수학에 대한 관심이 고조된다.

조선 수학의 황금기

세종이 직접 배운 『산학계몽』과 그 시대의 수학 교재였던 『양휘산법』은 조선시대 전반을 통틀어 가장 중요한 산학서였다. 그 내용도 좋지만, 그것을 배운 임금이나 신하들의 과학 정신도 훌륭했다.

　조선 중기에 과학의 침체기를 지나 다시 수학책이 간행되고 실학자들이 수학을 연구하게 된다. 수학이 국력과 비례한다는 사실을 확인하게 한다. 이처럼 세종대왕은 수학을 배우고, 나아가서 신하들도 수학을 공부하게 만들고, 그 자식들도 수학을 공부하게 하였다.

더
알아보기

1 〈조선왕조실록〉 홈페이지에서 '산학'이라는 단어를 검색어로 치면, 세종 때 수학과 관련해 어떤 일이 일어났는지 알아볼 수 있다. 한번 검색해 보자.

• 국사편찬위원회 홈페이지 참고 (sillok.history.go.kr)

2 『양휘산법』은 양휘가 지은 중국의 수학책으로 구구단에 관한 이야 기도 나온다. 『양휘산법』 한글판(『양휘산법』, 교우사, 차종천 옮김, 2006)을 참고해서 자세히 읽어 보자.

1 한글과 과학과의 관계

한글 창제 원리는 최소 원리, 생성 원리, 천문 원리, 음악 원리, 수학 원리 등으로 풀어낼 수 있다.

최소 원리는 최소 문자소(자소, 자음자, 모음자)를 설정하여 이를 확장하는 방식으로 만들어낸 원리다. 곧 자음의 문자소는 'ㄱ ㄴ ㅁ ㅅ ㅇ'이고 모음의 문자소는 'ㆍ ㅡ ㅣ'이다. 미국 앨러버마대 김기항 교수는 이런 여덟 자의 문자소조차 점(ㆍ)의 집합으로 본다. 한국말에서 발달되어 있는 받침 종성자를 따로 만들지 않고 초성자와 같은 도형 원리를 적용한 것도 최소 원리다. 이러한 최소 원리는 마치 원자가 모여 분자가 되고, 분자가 모여 다양한 물질 현상을 만들어내는 자연의 이치를 닮았으며 이를 발견해 낸 근대 원자 과학 이치와 같다.

이런 최소 원리는 생성 원리로 이어질 때 진정한 가치가 있다. 생성 원리는 문자 확장과 음절자 생성에 적용되었다. 문자 확장에서는 기본 문자소에 가획(ㄴ→ㄷ→ㅌ) 원리와 배합(ㄸ) 원리, 합용 원리(ㅏ+ㅣ=ㅐ)를 적용하여 기본 문자 28자와 그밖에 다양한 문자(기본자 포함 모두, 모음자 29, 자음자 40)를 만들어냈다. 또한 초성자와 중성자, 종성자의 조합 원리를 통해 실제 다양한 소리를 적어낼 수 있는 놀라운 수의 음절자를 생성하게 했다. 현대 한글의 경우 초성자 19, 중성자 21, 종성자 27개를 '가갸거겨' 식으로 조합하면 무려 11,172자를 만들어 낼 수 있다. 15세기에 사용된 문자를 현대식으로 조합하면 3만 자가 넘고, 훈민정음 해례본의 조합 원리인 병서법(자음자 가로 합치기, ㅽ), 연서법(자음자 세로 합치기, 순경음 비읍 ㅸ), 부서법(초성자 중성자 가로로 합치기, 세로로 합치기), 합용법(초성자, 중성자, 종성자 합치기)을 모든 문자소에 적용하면 무려 399억여 자(39,856,772,340)가 생성됨을 전산학자인 변정용 교수가 컴퓨터로 계산해 낸 바 있다.(변정용, 1996, 한글의 과학성, 함께여는 국어교육 26호). 이런 생성 원리 때문에 세종은 닭 울음소리, 바람 소리, 개 짖는 소리 그 어떤 소리도 다 적을 수 있다고 선언했고, 세종의 새 문자 보급을 도왔던 정인지 외 일곱 신하들은 이 놀라운 과학과 신비를 보고 이건 사람으로서의 세종이 한 일이 아니라 하늘의 뜻을 세종이 대신 한 것뿐이라는 말로 임금의 업적을 높이 기렸다.

천문 원리는 훈민정음 해례본에서 "천지자연의 소리가 있으면 천지자연의 문자가 있다."는 선언에서 드러난다. 이는 조잘대는 아이들의 말소리부터 스쳐가는 바람 소리까지 다 적기 위해 우주 천문의 이치를 관찰하여 말소리를 자연과학적으로 정확히 분석해 냈기에 가능했던 것이다. 세종은 이를 위하여 미시 전략과 거시 전략을 동시에 이뤄냈다. 미시 전략은 자음자에 적용하여 자음의 원형 문자를 말소리가 일어나는 발음 기관을 세밀하게 관찰하여 상형해 냈고, 거시 전략은 모음자에 적용하여 천지인의 틀 속에서 원형 문자를 상형해 냈다. 이렇게 바른 소리를 제대로 적을 수 있는 정음(바른 소리) 문자를 만들다 보니 과학적인 문자가 되었다.

이러한 천문 원리는 자연스럽게 음악 원리를 아우르게 되었다. 조선 특유의 음악을 정리하게 하고, 그 또한 작곡가이며 절대 음감의 소유자이기도 했던 세종은 '궁상각치우'와 같은 자연스런 음악 이치를 문자 창제에 반영하여 음률문자를 만들어 냈다. 한태동 교수는 피리와 같은 전통 악기와 첨단 기계를 동원하여 한글에 담긴 궁상각치우 원리를 밝혀낸 바 있다.(세종대의 음성학, 연세대학교출판부, 2003) 음양오행의 역학을 적용한 것도 바로 천문 원리를 구현하기 위한 전략이었다.

한글 창제에 적용된 수학 원리의 핵심은 유클리드 기하학인 도형 원리와 비유클리드 기하학인 위상수학topology이 적용되었다. 이를테면 한글은 점과 선과 원만으로 완벽한 대칭 구조로 구성되어 있다. 또한 자음자와 모음자의 조합에서 '가'의 경우 자음자를 고정시키고 모음자만을 90도씩 틀면 각각 '가, 구, 고, 거' 네 글자가 생성이 되는데 이는 최소의 문자소로 최소한의 공간에서 최대한의 글자를 생성해 내는 위상수학의 원리다. 자음자와 모음자의 도형 원리를 달리하여 위아래 결합 도형을 통하여 가로 적기와 세로적기를 모두 가능하게 한 것은 도형 생성원리의 극치다. 이때의 도형 원리는 곧 예술 원리이기도 하다.

—정희성, 1994, 『훈민정음의 창제 원리를 위한 과학 이론의 성립』, 한글 224호 참조

중국 수학자와
한판 승부를 벌인다

―청나라 사신 하국주와 벌인 서바이벌 수학 게임

조선시대, 숙종 임금 때인 1713년 음력 윤 5월 29일. 평범한 날이었던 그날 잊을 수 없는 어떤 일이 생겼다. 과연 어떤 일이 벌어졌을까? 청나라 사신 하국주와 우리나라 수학자 홍정하, 유수석 사이에 벌어진 흥미진진한 대결! 지금부터 그날 어떤 일이 일어났는지 한번 알아보자.

사신으로 온 수학자

내가 중고등학교에 다니던 시절에는 무협소설이 무척 유행했다. 무협소설 줄거리는 대개 비슷비슷하다. 우선 주인공이 부모님이나 사랑하는 사람의 복수를 위해 험난한 어린 시절을 보내고 우연히 동굴에 들어가 옛날부터 전해오는 기막힌 무공을 익힌다. 그리고 힘들게 익힌 무공으로 천하제일의 고수가 되는 내용이다. 여기서 천 년 전부터 내려오는 무공은 보통 '실전된 무공'이라고 한다. 이런저런 이유로 맥이 끊어진 무공을 말한다. 이와 비슷한 일이 조선시대 중국과 우리나라 수학계에도 일어났다. 그 과정에서 드라마 같은 이야기가 벌어졌다. 이 이야기의 자초지종은 수학자 홍정하가 쓴 『구일집』에 잘 기록되어 있다.

조선시대 중국 사신을 맞는 일은 국가의 커다란 일이었다. 왜냐하면 당시 중국은 조선보다 강하고 이른바 우리가 머리를 조아리는(형식적으로) 나라였기 때문이다. 따라서 중국 사신의 말 한마디는 황제에게 바로 전해지기 때문에 아주 중요했다. 그 중국 사신의 비위를 맞추기 위해 우리 조정은 고심했다. 그러나 중국 사신들이 좋아하는 것은 사신 각각의 기호에 따라 다르기 때문에 일일이 맞춰서 접대하기란 쉽지 않았다. 자, 이제부터 특별한 사신이 등장한다.

1713년 윤 5월 29일, 중국은 조선에 사신을 파견했다. 이 사신의 이름은 하국주로, 당시 벼슬은 '사력'이었다. 사력은 지금으로 얘기하면 국립천문대 관장 같은 벼슬로 천문학과 과학에 조예가 깊은 사람이 맡는 자리였다. 과학과 함께 수학 실력도 뛰어났으리라 짐작할 수 있다. 중국이 이런 학자를 사신으로 보낸 것은 여러 이유가 있겠지만, 아마 자기네들이 우리보다 과학 기술이 훨씬 앞선 나라라는 것을 과시하려는 의도도 있었을 거라 예상된다. 하국주가 온 그날 저녁, 조선 조정은 여느 때처럼 진수성찬과 연회를 준비하고 있었다.

그런데 엉뚱하게도 하국주는 조선에 수학을 잘하는 학자가 있냐고 물었다. 순간 조정은 발칵 뒤집혔다. 사신이 예상을 깨고 수학을 잘하는 사람을 찾다니, 하국주는 자기 취미가 수학문제를 주고받으며 함께 문제를 푸는 것인데, 그러니 조선의 수학자를 데려와 달라고 요구했다. 궁궐 안 사람들이 참 별난 사신이 다 있다고 수군거리는 모습이 그려진다. 사실 이런 광경은 별난 것이 아니다. 예를 들어 프랑스 궁정에서 귀족들은 저녁식사와 함께 파티를 열어 같이 음악을 연주하거나 감

상하곤 했다. 또는 수학문제를 출제하고, 상금을 걸고 그 답을 맞추는 파티를 열기도 했다. 프랑스에서는 수학은 사람의 머리를 똑똑하게 만든다고 여겨서, 아예 평민들에게는 수학을 가르치는 것조차 금지할 정도였다. 어쨌든 사신의 비위를 맞추기 위해 부랴부랴 산학자 즉, 수학자 두 사람을 대령했다. 두 학자의 이름이 바로 조선의 위대한 수학자 홍정하와 유수석이었다.

수학 한중전

일단 하국주 앞에 불려온 홍정하와 유수석은 당시 중국 수학에 대한 정보가 전혀 없었지만 기죽지 않고 당당하게 대화를 시작했다는 기록이 나온다. 대국의 사신이었던 하국주는 우쭐댔다. 축구에서도 상대방을 우습게보고 긴장을 푸는 순간 역으로 골을 막 먹는단다. 결론부터 말하자면, 바로 이런 놀라운 일이 일어났다.

그렇다면 하국주가 맨 처음 낸 문제가 무엇인지 우리도 한번 풀어볼까?

360명이 있다. 한 사람마다 은 1냥 8전을 내면, 그 합계는 얼마인가?

아마 너도 대답할 수 있을 것이다. 시계를 거꾸로 돌려 300년 전으로 되돌아가 보자. 만약 네가 하국주 앞에서 이런 문제를 받더라도 쉽게 풀 수 있을 것이다. 1냥은 10전이니까 은 1냥 8전은 18전이다. 따라서 문제 푸는 방법은 360×18이 된다. 이런 쉬운 문제를 사신은 웃

지도 않고 냈다. 아마 2초도 안 걸려 우리 수학자들은 정답을 대답했을 것이다. 초등학교 수준의 문제를 냈으니 우리 수학자들의 자존심이 상했을 법도 하다. 정답이 나오자 하국주는 점점 문제 난이도를 높였다.

다음으로 제곱해서 넓이가 225평방자일 때 한 변의 길이는 몇 자냐고 물었다. 225의 제곱근은 15(15×15=225)라는 것은 너도 잘 알고 있지? 아무튼 하국주가 자기 생각으로는 더 어려운 질문을 한 거겠지만, 여기서 기껏 어려운 문제의 수준도 이 정도다.

이 문제도 역시 10초도 안 걸리고 답이 나왔다. 이어서 하국주는 아래와 같은 문제를 냈고, 우리 수학자들은 망설임도 없이 즉시 답을 말했다.

크고 작은 두 개의 정사각형이 있다. 그 넓이의 합은 468평방자이고, 큰 정사각형의 한 변은 작은 정사각형의 한 변보다 6자만큼 길다고 한다. 두 사각형의 각변의 길이는 얼마인가?

지금의 교과서를 따르면, 네가 학교에서 배운 대로 큰 정사각형 한 변의 길이를 x, 작은 정사각형 한 변의 길이를 y라 하고 풀어볼 수 있다.

이 문제를 식으로 나타내면 $\begin{cases} x^2 + y^2 = 468 \\ x = y + 6 \end{cases}$ 이라는 이원이차 연립방정식이 나온다. 여기서 $y = x - 6$이므로 $x^2 + y^2 = 468$에 이것을 대입하면 $x^2 + (x-6)^2 = 468$이다.

즉, $2x^2 - 12x + 36 = 468$, $2x^2 - 12x - 432 = 0$에서 $x^2 - 6x - 216 = 0$

이란다. 이것은 $(x-18)(x+12)=0$으로 인수분해되므로, 큰 정사각형의 한 변의 길이(x)는 18이 된다. 따라서 작은 정사각형의 한 변의 길이는 $y=x-6$, 즉 12가 된다.

하국주는 체면이 구겨졌다. 그러자 하국주 옆에 있던 다른 사신이 하국주의 체면을 살려주려고 다음과 같은 제안을 했다. "하국주 선생님은 천하에서 수학을 잘하기로 손가락 안에 드는 분이다. 그의 수학 실력은 깊이를 헤아릴 수 없다. 두 사람은 도저히 이 분에게 견줄 수 없다. 이제 이 분은 많은 질문을 했으니 당신들도 질문을 해보아라." 그런데 불행히도 이 제안은 망신의 시작이 되고 말았다. 네 생각에는 우리 수학의 신 두 분이 과연 어떤 문제를 냈을까? 그 장면을 상상해 보렴. 당연히 공손하게, 꽤 어려운 문제를 냈겠지? 그 문제를 한번 구경해보자.

여기 공 모양의 옥석이 있습니다. 이것에 내접한 정육면체의 옥을 뺀 껍질의 부피는 265근 15냥 5전, 껍질에서 가장 두꺼운 곳은 4치 5푼입니다. 옥석의 지름과 내접하는 정육면체 한 모서리의 길이는 각각 얼마입니까?

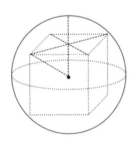

이 문제를 듣고 오랫동안 끙끙대던 하국주는 "이 문제는 매우 어렵소. 당장에는 풀지 못하지만 내일은 반드시 답을 주겠다."라고 대답했다. 그러나 끝끝내 중국으로 돌아갈 때까지 이 문제를 풀지 못했다. 네

가 아주 어려운 문제를 들고 선생님을 찾아가 질문하면, 선생님도 가끔 이런 말씀을 하시지? 하국주가 낸 문제는 조선 수학자들이 바로 답을 맞히고, 정작 자기는 우리 산학자가 처음으로 낸 문제에 대답을 못했으니, 너무 민망하고 웃긴 일이 벌어진 것이다.

이 문제 풀이는 다양하게 생각할 수 있는데, 흥미있는 사람은 도전해 보는 것도 재미있을 것이다. (해설은 더 알아보기 참고)

완전히 체면을 구긴 하국주는 다시 자신이 문제를 내겠다고 했다. 이후 계속 문제를 냈는데 우리 수학자들이 즉시 문제를 푸는 바람에, 결국 하국주도 우리 수학자들의 실력을 인정할 수밖에 없었다. 하국주가 두 사람의 실력을 높이 산 내용은 『구일집』에 나와 있다. 비로소 우리 수학자를 존중하고 서로 묻고 답하는 대등한 관계로 분위기가 반전되었다.

실전된 중국 수학을 가르쳐주고 서양 수학을 배우다

하국주는 조선 수학자들이 이차방정식 문제를 풀 때, 보자기를 펴고 그 안에서 막대기 모양의 뭔가를 꺼내 순식간에 계산을 해내는 것을 보고 그것이 무엇인지 물었다. 지금도 철학관에서 〈주역〉을 통해 운명을 점칠 때 쓰는 나무젓가락 모양의 산가지다.

이차방정식을 푸는 과정에서는 '천원술'이라는 다항식의 표현 방법이 쓰였다. 이 방정식을 푸는 해법은 '증승개방법'이라 불렸다. 하국주는 이를 신기하게 여기고 그 방법을 물었다. 우리 학자들은 이 방법을 자세히 가르쳐 주었다. 하국주가 우리에게 수학을 가르쳐준 것이 아니라 도리어 우리가 하국주에게 수학을 가르쳤다. 축구 경기로 이야기하면 점수가 10:0 정도로, 우리 수학자들의 완승이었다.

결국 하국주는 여러 가지를 배우고 우리 학자들에게 진심으로 고개를 숙였다. 하국주는 중국으로 돌아갈 때 포산에 쓰이는 산목 40개를 갖고 가면서 중국 학자들에게 가르쳐 주겠다고 했다. 어떻게 보면 자기의 부끄러움을 대국의 아량으로 포장해 모국으로 가져갔다고 할 수 있다.

증승개방법은 영국사람 호너Horner가 고안한 고차방정식의 근사해법과 같은데, 이 이론은 영국보다 500년 앞서 중국에서 발견되었고 이것을 우리나라 수학자들도 받아들였다. 당시 "조선 수학이 없으면 동양 수학 명맥이 끊어졌다"라는 말이 나올 정도였다. 아무튼 우리를 아래로 보고 대국으로 으스대려던 중국은 이 일로 크게 달라졌을 것이다.

노력하는 우리 수학자들

하국주와 우리 수학자들이 나눈 대화 중에는 삼각함수에 관한 내용도 나온다. 삼각함수는 그때까지 조선 수학에 없었던 서양 수학이었다. 중국도 당시 막 천주교 선교사로부터 삼각함수표를 전해 받았다. 따라서 $36°$의 Sin 값 같은 것은 우리 산학자들에게 처음 접한 새로운 내용이었다.

유수석은 "우리나라에는 아직 이런 방법이 없습니다. 어떻게 하는 것입니까? 그리고 Sin 값은 어떻게 구합니까?"라고 질문했다. 하국주는 "삼각함수표가 있어야 구할 수 있습니다. 여기서는 곤란합니다."라고 대답했다. 그러자 다시 홍정하가 "아무리 어려워도 우리는 배울 수 있습니다. 가르쳐 주십시오."라고 말했다. 그러자 하국주는 "내가 중국으로 돌아가서 삼각함수표를 보내주겠다."라고 약속을 했다.

그런데 삼각함수표는 당시 조선에 이미 들어와 있었다. 지금 고등학교 수학책 뒤에 나오는 표가 그것이다. 그 좋은 표를 궁궐 깊은 곳에 모셔 두고만 있어서 호조의 말단관리인 홍정하와 유수석은 접할 수 없었을 뿐이었다. 여기서 우리는 좋은 책과 자료는 친구들과 같이 공유하고 소통하는 것이 중요하다는 교훈을 얻을 수 있다.

하국주는 수학 중 방정식이 가장 어려운데, 어떻게 이렇게 빨리 답이 나올 수 있느냐고 탄복했다. 우리나라는 중국과 동등한 입장에서 학문적인 대화를 주고받은 것이다. 지금도 국가 간 관계에서 국력이 어느 정도 비슷해야 무시를 당하지 않는 것과 같은 이치다. 여기서 우리의 위대한 수학자들은 자신만만하게 그 방법을 가르쳐 주고 새로운 수학 분야인 삼각함수를 받아들일 준비를 하고 있다는 걸 알 수 있다. 수학에 대한 이들의 열정과 호기심, 자신감은 저들보다 300년 후를 살고 있는 우리 가슴까지 뛰게 만든다. 새로운 지식을 얻기 위해 노력하는 우리 조상들의 자세는 우리도 배워야 할 훌륭한 자세다.

1 홍정하가 낸 문제의 수치를 약간 변형하여 다음과 같이 현대적으로 바꾸어 보자.

[문제] 구의 부피에서 2에 내접한 정육면체의 부피를 뺀 부피가 100이고, 껍질의 두께가 2일 때, 정육면체의 모서리와 구의 지름의 길이를 구하여라.

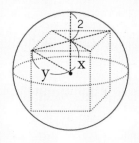

[풀이1]

정육면체의 모서리의 반을 x, 구의 반지름을 y라고 하면

$$\begin{cases} y = x+2 \\ y = \sqrt{3}\,x \end{cases}$$ 이므로 $x = \sqrt{3}+1$, $y = \sqrt{3}+3$ 임을 구할 수 있다.

따라서 정육면체의 모서리는 $2\sqrt{3}+2$ 이고, 구의 지름은 $2\sqrt{3}+6$ 이다.

[풀이2]

정육면체의 모서리를 x, 구의 반지름을 y라고 하면

$\pi=3$이라 하면, 구의 부피는 $\frac{4}{3}\pi r^3$ 에서 $\frac{4}{3}\times 3\times y^3$ 이므로 $4y^3$ 이 된다. 또, 정육면체의 부피는 x^3이므로 $\begin{cases} 4y^3-x^3=100 \\ \frac{x}{2}+2=y \end{cases}$ 이라는 미지수가 2개인 삼차방정식을 얻을 수 있다.

이것을 연립해서 미지수가 1개인 x에 관한 방정식 $4(\frac{x}{2}+2)^3-x^3=100$이 된다. 따라서 이 x에 관한 삼차방정식을 푼다.

($\pi=3$으로 대략적으로 계산한 것은 여러 산학서에서 발견된다.)

2 홍정하의 『구일집』에는 아름다운 10차 방정식 산대 그림이 있다. 이 역시 이 책에 실려 있는데, 찾아보자. (2부 5장 그림 참고)

1 산학자와 시험

조선 초기부터 이조(吏曹)에서는 시험을 통해 산학을 잘하는 사람을 뽑고 이들이 맡을 관직과 주어진 업무를 볼 부서를 설치하도록 임금에게 건의했다. 그리하여 수학기술관 시험인 산학 취재가 만들어졌고, 이 시험에 합격한 학자는 국가의 산학 관련 업무를 담당하는 산원이 될 수 있었다. 오늘날로 치면 기술 공무원과 비슷하다.

산학 취재를 볼 수 있는 자격은 중인에게 주어졌는데, 이들은 양인과 양반 사이 중간계층에 속하는 사람이었다. 처음 산원이 된 사람은 당연히 수학에 관심이 많은 중인이었지만, 시간이 흐르면서 일종의 가업으로 자손 대대로 직업을 물려받게 되는 경향을 보였다.

아무래도 산학을 하는 집안 아이들이 남들보다 쉽게 산학책들을 접할 수 있는 환경에서 자라고, 또 집안 어른들이 모두 산학자여서 산학을 배우기에도 수월하니 시험 준비에도 상당히 유리했을 것이다. 그리고 오늘날 아버지의 직업이 좋으면 그 자식도 아버지의 직업을 선택했으면 하는 것처럼, 또한 산학자라는 직업은 그 대우나 사회적 평판이 그리 나쁘지 않았음을 짐작할 수 있다.

1 산학자와 시험

홍정하는 1684년 생이다. 그의 아버지, 할아버지는 물론 외할아버지와 장인까지 모두 수학자였다. 이 집안은 남양 홍씨인데, 온통 수학자로 이루어진 집안이었다.

『주학입격안』이라는 책은 조선시대 취재의 합격자 명단과 인사기록을 적었다. 즉, 1498년부터 1888년까지 약 400년 동안 산학 취재에 합격한 사람들에 대한 정보가 담겨 있다. 이 책에 담긴 수학자는 무려 1,627명이나 되는데, 지금까지 남아 있는 조선시대 수학책을 살펴 보면 중인 신분의 수학자로 수학책을 남긴 사람은 경선징, 홍정하 그리고 이상혁이 전부다. 이들은 단연 조선 중인 산학자 중 최고라 부를 수 있다.

주학입격안

과거시험에 떨어진 것이
다행이라고요?

-진정한 조선의 양반, 홍대용

조선시대 선비상이란 무엇일까? 혹시 선비란 아무리 궁핍해도 내색을
하지 않고 품위를 지키는 고집스러운 양반이라고 '잘못' 생각하고 있지 않
니?

지금 이야기한 것은 조선시대 선비를 왜곡한 이야기야. 그렇다면 조선
시대 '진짜 선비'란 어떤 모습이었을까? 한마디로 정리하긴 어렵겠지만 담
헌 홍대용의 이야기를 읽다 보면 떠오르는 이미지가 있을 거야. 그것이 바
로 조선시대의 선비상이란다.

정조의 스승, 홍대용

조선의 임금 정조는 여러분처럼 안경을 썼을까, 안 썼을까? 또 담배를
피웠을까, 안 피웠을까? 영조와 정조시대 이전부터 새로운 문물이 여
러 경로로 조선에 들어왔지만, 서양 지식은 중국을 통해 흘러들어 왔
다. 그렇지만 새로운 문물을 받아들이는 임금의 자세는 각각 달랐다.
정조는 훌륭한 서양 문물을 받아들이고자 노력했다. 사료를 보면, 정
조는 안경을 쓰고 담배도 피웠다. 물론 담배가 '좋은' 문물은 아니지

만. 이런 흐름은 새로운 문물에 대한 호기심이 바탕이었겠지만, 당시 유행했던 새로운 학문 실학의 영향도 컸을 것이다.

담헌 홍대용(1731~1783)은 영조 7년인 1731년 태어났다. 열두 살 때 전통적인 유학 틀에서 벗어나 새로운 학문을 공부하기로 마음먹고 당대 유명한 학자 김원행을 찾아갔다. 홍대용이 일생동안 새로운 이론과 서양 문물을 거리낌 없이 수용한 것은 어릴 때부터 그가 품은 큰 뜻 때문이었다. 일생 동안 그는 벼슬도 하기 싫어했다. 그렇지만 훌륭한 대학자 집안에서 자랐고(아버지는 목사(牧使), 할아버지는 대사헌, 증조할아버지는 참판인 명문가였다), 또한 향기로운 꽃이 10리 밖으로 그 향기를 전한다는 말처럼 홍대용의 학문적 명성도 높았다.

영조 41년(1765) 홍대용이 35세 되던 때, 그는 서장관이라는 벼슬로 북경에 가는 숙부를 따라 중국에 가면서 중국 학자들과 교류하게 된다. 따라서 자연스럽게 각종 서양 문물을 접하게 되었다.

어떤 사람이 주변에 친구가 많고 그 친구들이 한결같이 바른 성품과 의리의 소유자라면, 자연히 그 사람은 성격도 좋고 친화력이 있다고 평가받을 수 있겠지? 홍대용은 바로 그런 사람이었다.

홍대용은 영조 50년, 즉 1774년에 이산(정조의 어릴 적 이름)을 가르쳤다. 이때의 일들은 『계방일기』를 통해 기록으로 남아 있다. 홍대용은 1775년까지 정조를 가르쳤는데, 정조가 북경에 대한 이야기를 묻고 관심을 표하자 홍대용은 『연행일기』와 자기의 여행담을 들려준다. 이 기록을 보면, 정조에게 새로운 문물에 대한 호기심과 함께 실학 정신이 스며들었을 것이다.

죽어도 벼슬은 싫다

홍대용은 그의 아버지와 사이가 좋았다. 그의 부친은 아들 홍대용을 누구보다 잘 이해했다. 보통 아버지라면 훌륭한 가문에서 태어난 아들이 벼슬을 하지 않고 악기나 연주하고 기계나 조립하면 화를 냈을 것이다. 그런데 그의 아버지는 홍대용이 29살 때 혼천의, 자명종 같은 기구를 만들고 실험하는 데 필요한 자금을 마련해 주었다. 3년 후 홍대용이 사설 천문대(용수각)를 만들고 싶어 하자, 여기에 드는 비용까지 주었다. 홍대용은 그 방면을 열심히 공부해서 과학과 유학 그리고 음악에 관한 조예가 깊어질 수밖에 없었다.

홍대용의 아버지는 스승 김원행에게 아들의 수업료도 계속 지불했다. 지금으로 이야기 하면 30대 초반까지 돈 벌 생각이 없는 백수 아들을 위해 아버지가 아무 소리 없이 계속 든든한 후원자가 되어준 것이다. 사실 그 시대에 이런 아버지를 만난다는 것도 참 행운이다.

무엇보다 참으로 생각이 깊은 아버지였다. 지금도 자식이 잘못된 길로 빠지지 않고, 자신이 좋아하는 공부를 계속하려고 할 때 서른 넘어서까지 그 뒤를 돌봐주는 아버지가 과연 몇이나 될까? 그런데 홍대용은 37세 되던 해 자기를 누구보다 이해해 주고 돌봐주던, 그렇게 사랑하는 아버지를 잃었다. 장례 후 만 2년 동안 아버지 묘소 옆에 움막을 짓고 매일 산소를 돌봤다. 물론 당시에는 흔한 풍습이었지만, 정말 만 2년을 채우는 일은 흔치 않았다. 아버지가 돌아가신 후 과거시험에 대한 마음이 없어진 홍대용은 일평생 벼슬을 그다지 탐탁지 않게 여겼다.

홍대용은 35살 때 북경으로 여행을 갔다가 중국인 친구 엄성, 반정균, 육비, 손유의를 만나 평생 친구로 지냈다. 어느 날 조선으로 돌아온 홍대용에게 엄성이 과거시험에 떨어졌다고 중국에서 편지를 보내자, 홍대용은 그것은 축하할 일이라고 답장을 보낸다. 이 편지에서 홍대용은 과거시험에 떨어져서 벼슬길로 나가지 못하면 좋은 이유를 조목조목 들어서 설명하고 있다. 그리고 과거시험에 떨어져서 지금은 실망하겠지만, 우리가 기대하고 바라는 진짜 삶은 오히려 벼슬 밖에 있으니 위로의 말보다 축하를 전한다고 썼다. 사실 이는 친구에게 하는 말이라기보다는 자기 자신에게 하는 말이기도 하다. 홍대용이 남긴 다음 글에서 그의 인생관을 엿볼 수 있다.

과거와 벼슬은 나의 뜻이 아니고, 운수는 하늘의 명령이 벌써 정해져 있는지라. 하늘의 명령을 받지 않으면 오히려 재앙을 만날 것이다.

홍대용은 과거시험과 벼슬은 내 뜻이 아니라고 생각하고, 친구를 사귀고 좋아하는 학문을 하는 것이 곧 과거요 벼슬이라고 생각하고 있었음을 알 수 있다.

과학과 철학에 대한 홍대용의 생각, 그리고 자주정신
홍대용은 조선을 대표하는 실학자답게 과학에 관심이 많았다. 숙부를 따라서 북경에 갔을 때 천주당을 방문해 그곳에서 혼천의 같은 기구와 서양 풍금을 한 번 보고서 한양으로 돌아와 비슷한 것을 만들려고 연구했다. 그의 뛰어난 과학적 자질은 이런 기구 발명을 통해 엿볼 수 있다. 하긴, 사설 천문대를 만들어 지구 자전을 주장했을 정도니까, 정말 대단하다. 지금부터 조금 딱딱하지만 홍대용의 여러 사상을 더 들여다보기로 하자.

> 달이 해를 가릴 때 일식이 되는데 가려진 체가 반드시 둥근 것은 달의 체가 둥글기 때문이다. 달이 땅에 가려질 때 월식이 되는데 가려진 체가 둥근 것은 땅의 체가 둥글기 때문이다. 그러므로 월식은 땅의 거울이다. 월식을 보고도 땅이 둥근 줄을 모른다면 이것은 거울로 자기의 얼굴을 비추면서 그 얼굴을 분별하지 못하는 것과 같으니 어리석지 아니한가?(『담헌서』 내집. 권4 「의산문답」-자연에 관한 이해)

이 글의 주된 내용은 바로 '지구가 둥글다'는 주장이다. 당시 사람들은 하늘은 둥글고 땅은 네모지다天圓地方는 견해에 사로잡혀 있었다. 비록 홍대용의 이러한 주장은 과학적, 수학적 증명에 의하지 않고 경험에 기초하고 있지만, 당시에 지구가 둥글다는 주장은 혁명적인 주장이었다.

조선시대를 이끌었던 사상적 기반은 성리학에 있다. 이는 이기론理氣論에 의하여 세계를 설명하는 이론 체계이다. '기氣'가 현상 세계, 즉 자연을 구성하는 물질적 요소라 한다면, 그러한 물질적 요소 배후에 '이理'라는 우주적 원리가 있다는 것이다. 이 우주적 원리는 과학 원리가 아닌 관념적인 성격을 지닌다. 홍대용은 바로 이 관념적인 이理를 부정하고, 이 세계는 오직 기氣로 이루어져 있다고 주장한다. 홍대용은

'기'만이 실재임을 확인함으로써 우주와 세계를 과학적 대상으로 바라보게 된다.

> 지구는 하루 한 번씩 회전하는 바, 지구 주위는 9만리다.

홍대용의 지전설(지구는 둥글며 스스로 회전한다는 주장)이 코페르니쿠스보다 늦은 것은 중요하지 않다. 그의 독자적 견해라는 점이 중요하다. 또 홍대용이 측정한 지구 둘레에 대한 계산이 어떻게 나왔는지 그 근거를 확인할 수는 없지만, 지구를 수학적으로 계산할 대상으로 보았다는 점에서 홍대용이 자연을 수학의 대상으로 보았음을 알 수 있다. 이제 홍대용의 철학을 엿보기로 할까?

> 사람의 관점에서 물(物, 사물)을 보면 사람이 귀하고 물(物)은 천하나, 물(物)로 사람을 보면 물(物)이 귀하고 사람은 천하다. 하늘의 관점에서 보면 사람과 물(物)은 균일하다.

> 옛 사람이 백성에게 혜택을 입히고 세상을 다루심에 일찍이 물(物)에 도움 받지 않음이 없었다. 대체로 군신 간의 의리는 벌에게서, 병진(兵陣)의 법은 개미에게서, 예절의 제도는 박쥐에게서, 그물 치는 법은 거미에게서 각각 취해 온 것이다. 그러므로 성인은 만물을 스승으로 삼는다고 하였다. 그런데 너는 어찌하여 하늘의 입장에서 만물을 보지 않고, 오히려 사람의 입장에서 만물을 보는가?

조선시대 전통적인 관점은 사람의 관점에서 사물을 보는 것이다. 따라서 사람은 귀하고 사물은 천하다고 본다. 그러나 홍대용은 사람의 관점에서 사물을 보는 것이 아니라 하늘의 관점에서 사람과 사물을 볼 것을 요구한다. 이는 가치 평가의 상대성으로부터 주관적 가치의 절대성을

혼천의

부정하는 것이다. 또한 사람과 사물이 균일하다는 주장은 차별을 없애자는 것이 아니라, 인간은 인간 그 자체로, 사물은 사물 그 자체로 각자의 특수성이 있음을 긍정하자는 것이다. 그래야 인간은 자연 세계에서 도움을 얻을 수 있다. 또 도움을 얻기 위해서라도 자연을 탐구할 수 있다. 너무 멋지고 공정한, 요즘 많이 쓰는 말로 쿨한 생각이지?

지구가 모든 별의 한복판이라고 하면, 이는 우물 안에 앉아서 하늘이 작다고 하는 것과 같다.

태양도 우주 세계의 중심이 될 수 없는데, 하물며 지구가 중심이 될 수 있으랴?

홍대용은 코페르니쿠스의 태양중심설은 몰랐지만, 지구중심설이 아닌 다원적 중심을 이야기하고 있다.

중국은 서양에 대해 경도 차이가 180도에 이른다. 중국 사람은 중국을 정계(正界)로 삼고 서양을 도계(倒界)로 삼는데, 서양 사람은 서양을 정

계로 삼고 중국을 도계로 삼는다. 그러나 사실 하늘을 이고 땅을 밟은 사람이면 기준을 어디로 한들 모두 마찬가지이다. 횡계(橫界)도 없고 도계도 없으니, 모두 정계인 것이다.

중심이 있으면 주변이 있기 마련이다. 주변은 언제나 중심 주위를 맴돌면서 중심을 향하기 마련이고, 중심과 주변의 관계는 우열의 관계로 변질되곤 한다. 홍대용이 지구중심설을 부정하는 의의는 천문학적 주장일 뿐 아니라, 조선이라는 나라의 중심성을 확인하는 데 있었다.

하늘에서 본다면 어찌 안과 밖 구별이 있겠는가? 각각 자기 나라 사람과 친하고 자기 나라 임금을 높이며, 자기 나라를 지키고 자기 나라 풍속을 좋게 여기는 것은 중국이나 오랑캐나 마찬가지이다.

전통적인 조선 사회에 퍼진 의식은 지나치게 중국을 중심으로 여겨, 다소 자주적이지 못한 면이 있었다. 화이론華夷論이란 원래 민족과 지역을 차별하는 것이 아닌 문화 존중의 취지였으나 지역 중심의 편향된 것으로 변질되었다. 이러한 변질된 의식은 선진문물을 받아들이는 데 장애가 되었을 뿐만 아니라, 스스로 열등의식에 빠져 있게 할 뿐이었다.

지구중심설의 부정이 갖는 의의는 화이의 수직관계를 수평관계로 전환함으로써 오랑캐 즉, 중국 청나라 문화에 대한 사상적 폐쇄성을 타파할 것을 주장하는 것이었다. 차별의 타파는 중국의 문화나 오랑캐의 문화나 하늘의 관점에서 보면 차별이 없다는 것이다.

지구중심설의 부정은 변방의식을 극복하고, 국가의 상대적 자기중심성을 확인하는 철학적 근거를 제시한 것이다. 이는 조선의 자기 고유성과 자주성을 긍정하고 주체적이기를 요청한다는 데 그 의의가 있다. 이를 통해 조선시대 양반의 뚜렷하고 논리적인 훌륭한 기개를 볼 수 있다.

너무 이야기가 어렵게 흘렀지? 그렇지만 왜 우리는 자주적이 되어야 하는가를 말씀하셨던 조상이 그 먼 옛날에 있었다는 것이 얼마나 자랑스럽니? 담헌 홍대용으로부터 우리는 진정한 우리의 자주 사상과 철학을 찾을 수 있다.

양반 중의 양반이 그렇게도 두꺼운 수학책을 쓰다

이제 홍대용이 쓴 수학책 『주해수용』을 살펴보자.

홍대용의 『담헌서』 외집 4, 5, 6권(총 3권)에 해당되는 『주해수용』은 크게 총례와 내편, 외편으로 구성되어 있으며 내편은 다시 상권과 하권으로 구성되었다. 구성 형식에서 본다면 총례는 일종의 일러두기이고, 내편 상·하권과 외편은 설명과 함께 문제가 제시되고 그 답과 풀이가 이어서 나오는 형식이다. 어떤 부분은 설명만 있고, 어떤 부분은 문제에 대한 풀이만 있고, 어떤 부분은 간단한 목차만 있다. 따라서 『주해수용』은 문제집도 아니고 본격적인 해설서도 아니다. 실용적인 목적으로 기술된 산학서로 볼 수 있다.

따라서 주해수용은 전문적인 수학책이라기보다 지금 대학에서 배우는 공업수학이나 경제수학 같은 역할을 했다. 상권에는 산법인 승법, 인법, 가법, 상제법, 귀제법 등이 기술되어 있고, 하권에는 방정식을 푸는 표기법인 천원술을 이용하는 문제 풀이를 증승개방법으로 설명하고, 삼각법과 사율법등을 이용한 측량술 등을 다루고 있다. 6권에 있는 외편은 4, 5권의 응용 부분에 해당된다. 따라서 수학적인 내용은 『담헌서』 외집 4, 5권 내편 상·하권이다.

『주해수용』이라는 제목을 『담헌서』 외집 4, 5, 6권에 붙인 사실에서 홍대용의 생각을 엿볼 수 있다. 즉, 마지막 6권의 천문학 측량 기술, 여러 과학 기구나 관측기구, 악률 등을 다루려면 4, 5권의 수학적 내용이 전제되어야 한다는 점을 염두에 둔 것이다. 『주해수용』 서문을 보면 수학에 대한 그의 생각이 잘 나타난다.

공자가 일찍이 위리라는 벼슬을 한 적이 있다. 일명 회계를 말하는 것인데, 회계라는 것이 수학을 버리고 어찌 설명할 수 있겠는가? 역사가들이 말하길 공자의 제자들이 집대성하여 몸소 육예에 능통했다고 그것을 칭한다. 고인들이 실용에 힘썼다는 뜻과 같은 개념일 것이다.

산법은 『구장산술』에 기초하는데, 대대로 내려오는 방법 또한 여러 가지가 있다. 그것들은 자세한 것도 있고 간략한 것도 있고, 들쭉날쭉하여 한결같지 않다. 풀어놓은 것을 보면 대개 특이한 부분이나 숨겨진 방법을 찾는 것이 거의 숨바꼭질에 가깝다. (아마도 그 이유는 저자들이 여흥이나 유희식으로 소일거리 삼아 계통 없이 수학을 대했던 태도에 기인하지 않나 생각한다.) 나는 지금의 실정에 맞게 실용적으로 수학을 다룬 내용을 찾아서 나의 뜻에 부합된 것을 부쳐 한 권의 책으로 꾸며보았다. 언제든지 용량과 길이의 비율, 상황에 맞는 실용성을 활용하여 회계를 처리할 수 있게 하였다. 또 이 법을 익히는 자는 마음을 가라앉혀 깊이 생각하면, 족히 본성을 기를 수 있고, 깊이 탐구하고 깊이 찾으면 족히 지혜에 도움이 될 수 있다. 이 공이 어찌 금슬(좋은 악기를 얻는 것) 간편(좋은 책을 얻는 것)과 무엇이 다르겠는가?

하늘은 만물의 변화가 있어 음양의 이치에 벗어나지 않고, 주역은 만물의 변화가 있어 강하고 부드러운 것에 벗어나지 않고, 수학은 만물에 있어 승제에 벗어나지 않는다. 음양이 바른 자리에 서면 어지럽지 않고, 강하고 부드러움이 질서에 맞게 잘 교차하면 성장과 조화를 이룬다. 바른 자리는 하늘의 법도가 되고, 교차하여 쓰이면 주역에서 법도가 되니 어찌 수학에 있어서 승제의 기술이 아니겠는가? 만약 이러한 논리를 바탕으로 이 논리를 넓히고 잘 펼치어 작은 도리를 보고 큰 법을 깨닫는 것은, 이 책을 읽는 사람의 몫일 것이다.

오늘날 수학사 책이나 논문에서 홍대용의 수학 분야는 간단히 언급되어 있다. 심지어 우리 전통의 귀중한 유산임에도 불구하고 서양 수학적 관점에서 그것을 폄하하고 있는 것도 사실이다. 하지만 그의 수학적 사상 역시 현재에 되살려 볼 수 있는 가치를 지닌다. 그리고 영 · 정조를 전후한 시대는 동양과 서양 수학이 만나는 역사적 분수령이라는 점에서 수학적인 지식을 중심으로 하는 지금까지의 평가를 재검토할 필요성이 있을 것이다.

홍대용은 『주해수용』 외집 제 4권 내편에서 양전법(밭의 넓이를 계산하는 법)에 대한 내용을 언급했는데 이를 살펴보자. 옛 수학책에서는 여러 가지 형태의 밭 넓이를 다양하게 계산한다. 그러나 홍대용은 조선에는 다섯 가지 모양의 밭이 있어서 양전법은 그 넓이를 계산하는 것이라고 기술했다. 이것은 명백히 자주적이고 실용적인 수학정신의 표출이라 볼 수 있지 않을까?

홍대용이 『주해수용』을 언제 썼는지는 확실치 않다. 다만 중국을 다녀온 후 집필했으리라 추측된다. 아는 것과 행동하는 것이 하나라는 지행합일에 철저했던 담헌은 뛰어난 인품으로 당대 선비로 칭송받았다. 북경에 다녀온 이후 수학에 심취해 있었고, 꾸준히 책을 부탁해 연구를 지속하였다. 『주해수용』 어디를 읽어봐도 현실과 관련 없는 문제, 추상적인 문제는 하나도 없다. 현실에서 바로 적용할 수 있는 실용적인 문제만 가득한데, 바로 이 점이 홍대용의 『주해수용』을 오늘날에도 특별한 수학책으로 만들어 준다.

그의 수학적 사고가 새로운 것은 의산문답에 나타나는 무한無限개념에서 특히 뚜렷하다. 그의 우주무한론은 기하학적 사고의 구체적인 보기이다. 이것은 홍대용의 철학과 과학이 서로 어우러져 어느 경지에 이른 것을 보여주는 좋은 예다.

홍대용은 수학이야 말로 서양과학의 정수라고 파악하고, 수학책을 펴낸 유일한 실학자였다. 『주해수용』 마지막 부분인 음악에 관한 내용을 보면, 음악과 수학을 우주의 조화와 질서로 파악했던 피타고라스가 떠오른다.

홍대용은 북경에 다녀와서 새로운 문물과 지식을 조선에 있는 친구들과 공유하고자 노력했다. 기록에 보면 홍대용은 서양악기와 문물을 직접 만들고 친구들과 같이 그 서양악기를 연주하는 모임을 만들었다. 어느 한여름 밤 한적한 뜰에서 벌어진 음악 연주회야말로 낭만적이고도 찬란했던 조선 선비 정신을 잘 보여준다.

중국 친구 엄성이 그린 홍대용의 초상

중국 선비와의 교류

홍대용이 중국인 친구 엄성의 죽음을 전해 듣고 반정균에게 편지를 썼다. 이 편지가 중국 여행을 기록한 책 『을병연행록』에 나와 있다.

> 아! 철교(엄성의 호)여! 어찌 차마 나에게 이토록 모질게 한단 말입니까.
> 빼어난 지식으로 천하를 근심하고 만세를 걱정하던 그 뜻을 그대로 가지고 저승으로 갔단 말입니까.
> 철교의 무덤에 풀이 이미 두 달을 묵었구료, 매양 깊었던 우정을 생각하면 벽을 돌며 기가 꺾이고 마음이 슬퍼집니다. 그 초상을 꼭 한번 보고 싶건만 부쳐주기가 쉽지 않겠지요.

당시 서울에서 부산까지만 해도 편지를 전하려면 몇 달이 걸렸는데, 무려 중국까지 가려면 얼마나 많은 시간이 걸렸을까? 그러나 중국 친구들과의 깊은 우애는 시간과 거리에 관계가 없었다. 그야말로 변치 않는 멋진 우정이었다. 홍대용이 세상을 떠난 후, 홍대용의 친구들은 중국에 있는 친구들에게 홍대용의 죽음을 알렸다. 반정균은 홍대용의 묘비에 쓸 글을 보냈다. 아직도 남아 있는 홍대용의 묘비는 중국인 친구 반정균의 글씨다.

홍대용의 손자 홍양후(1800~1879)가 반정균의 후손에게 보낸 편지 한 통과 이에 반정균의 손자 반공수가 보낸 답장 한 통이 전해 오고 있다. 편지 내용을 보면 홍대용의 손자 양후는 할아버지의 훌륭한 친구의 신의에 감탄하여 자기도 북경에 가서 중국 선비들의 후손들과 친구 관계가 맺어지기를 고대한다고 썼다. 이 편지에서 양후는 조상들이 맺어 놓은 소중한 사귐을 후손들도 다시 맺어 이어가기를 바랐다.

그로부터 5년 후 반공수의 답신이 오는데, 반공수 역시 60년 전에 선조들의 교제를 이 편지 한 장으로 다시 잇는 것 같아 '감격하고 또

홍대용의 시비와 초상화

감격한다' 라고 쓰고 있다. 어찌 보면 좀 신기한 일이다. 할아버지들이 친구라고 해서 손자들까지 친구가 되라는 법은 없다. 당시 한국과 중국은 지금 미국이나 유럽보다 훨씬 더 멀리 떨어져 있다는 느낌이 들지만 손자들이 할아버지들

담헌의 묘소

의 학문과 교류관계를 인정하고 감동하여 후손들끼리 소식을 서로 묻는다는 것은 그만큼 조선시대 선비들의 정신세계를 엿볼 수 있는 좋은 예가 될 것이다.

며느리들은 시아버지의 수학책을 일일이 쓰고

담헌 홍대용은 정조의 명령에 따라 어쩔 수 없이 벼슬을 하게 된다. 그런데 그 벼슬이라는 것이 '현감' 과 '군수' 라는 지역 사또였다. 홍대용의 성품대로 몸을 돌보지 않고 청렴하고 공정하게 열심히 공무를 보았다. 결국 그것이 원인이 되어, 세상을 뜨게 된다.

『담헌서』는 홍대용이 쓴 글을 며느리와 손자는 물론 손주 며느리까지 동원되어 3년간 일일이 베껴 쓴 책이다. 그 결과 귀중한 우리의 문화적 유산이 전해 내려올 수 있게 된 것이다. 소중한 우리의 학문과 홍대용의 정신을 후대 자손들의 노력으로 볼 수 있게 된 것이다.

1 『주해수용』의 양전법에는 아래와 같이 밭 넓이를 구하는 다섯 개의 문제가 있다.

① 정사각형의 넓이

방전(方田), 즉 정사각형 모양의 밭이 있다. 한 변의 길이가 96척이었다. 그 넓이를 구하여라. 〔답〕 9,216

② 직사각형의 넓이

직사각형(直田)의 모양인 밭의 세로의 길이는 49척이고 가로의 길이는 24척이라 한다. 그 넓이는 얼마인가? 〔답〕 1,176

③ 직각삼각형의 넓이

직각삼각형(勾股) 모양의 밭이 있다. 구(직각삼각형에서 직각을 낀 두 변 가운데 짧은 변)의 길이는 36척이고, 고(직각삼각형에서 직각을 낀 두 변 가운데 긴 변)의 길이는 62척이라고 하면 넓이는 얼마인가? 〔답〕 1,116

④ 삼각형의 넓이

규전(圭田, 이등변삼각형처럼 생긴 논밭)이 있다. 그 밑변의 길이는 93척이고 높이의 길이는 34척이라 한다. 넓이는 얼마나 되는가? 〔답〕 1,581

⑤ 사다리꼴의 넓이

사다리꼴(梯形) 모양의 밭이 있다. 동쪽 나비가 46척이고 서쪽 나비가 86척이며 높이가 125척이라고 하면 넓이는 얼마나 되겠는가?

〔답〕 8,250

2 조선 시대의 실용적인 수학책 『주해수용』에는 주로 실제 생활과 관련 있는 문제들이 많이 실려 있는데, 다음 문제도 그 전형적인 예이다. 이 문제의 답을 구해보고 풀이와 비교해 보자.

지금 어떤 사람들이 물건을 사려고 하는데 한 사람이 5냥씩 돈을 내면 6냥이 남고, 한 사람이 3냥씩 돈을 내면 4냥이 모자란다고 한다. 물건 값은 얼마인가?

(현대적 풀이)

사람 수를 x, 물건 값을 y라 하면

$$\begin{cases} 5x = y + 6 \cdots\cdots\cdots\cdots\cdots\cdots\cdots\cdots\cdots\cdots\cdots ⓐ \\ 3x = y - 4 \cdots\cdots\cdots\cdots\cdots\cdots\cdots\cdots\cdots\cdots\cdots ⓑ \end{cases}$$

ⓐ - ⓑ에서 $x = 5$

$x = 5$를 ⓐ에 대입하면 $y = 19$(냥) 〔답〕 19냥

1 담헌의 북경여행 기록인 『을병연행록』(태학사, 1997, 소재영 외 번역)
에는 홍대용이 보았던 당시의 북경 상황이 생생하게 기록되어 있다.
찾아서 읽어 보자.

헤이그 밀사, 이상설
– 수학을 공부한 독립운동가, 이상설의 생애

조선시대에 서양 수학으로 된 교과서를 지은 사람은 누구일까? 그분은 세상을 떠나면서 다음과 같은 말을 남겼어.

"여러분은 모두 힘을 합하여 조국 광복을 꼭 이룩하세요. 나는 조국 광복을 이루지 못하고 이 세상을 떠나니, 혼이라도 조국에 돌아갈 수 있겠습니까? 내 몸과 유품은 모두 불태우고 재까지 바다에 날리세요. 조국이 광복될 때까지 제사도 지내지 마세요."

이분이 바로 이상설 선생님(1870-1917)이란다.

때를 잘못 만난 천재

보재 이상설은 구한말 1870년 충북 진천에서 태어나 어릴 적부터 유학을 공부했다. 일곱 살 때 서울로 왔는데, 하나를 들으면 열 개를 깨우치는 천재라며 소문이 자자했다. 독학으로 고종 때 대과에 급제해 벼슬길에 오르게 된다. 그런데 전통적인 유학뿐만 아니라 당시 물밀듯이 밀려오는 서양의 새로운 학문에 대한 열의도 대단했다. 이십대 초반에 벌써 대유학자였던 율곡 이이를 따라갈 학자라고 칭송을 받았다. 대한민국 건국 직후 부통령을 지낸 이시영의 회고록을 보면 이상설에 대한 이야기가 나온다.

보재(이상설)가 열여섯 되던 해인 1885년 봄부터는 8개월 동안 (서울 근교 정릉에 있는)신흥사에 합숙하면서 매일 과정을 써 붙이고 한문, 수학, 영어, 법학 등 신학문을 공부하였다. 그때 보재의 총명하고 탁월한 두뇌와 이해력에 같은 학우들이 경탄을 금치 못하였다. 끈질긴 탐구열과 비상한 기억력은 신기하고 이상한 일이었다. 보재는 모든 분야의 학문을 거의 독학으로 득달하였다. 하루는 보재가 논리학에 관한 어떤 문제를 반나절이나 풀려고 고민하다 낮잠을 자게 되었는데 잠 속에서 풀었다고 깨어서 기뻐한 일이 있었다. 학구열이 강해 학우들이 다 취침한 후에도 혼자 자지 않고 새벽 두세 시까지 글을 읽고도 아침에는 누구보다도 일찍 일어나 공부하였다. 기억력이 얼마나 비상하였던지 자는 동안 학우들이 한 이야기를 깨어나서도 역력히 기억하였다.

중국어, 일본어, 영어, 프랑스어, 독일어, 러시아어 등 6개 국어를 독학으로 통달했으니 당시 공부 좀 한다는 사람들 사이에서도 그의 천재성을 인정받은 것은 너무나 당연하다.

일본이 우리나라를 침략한 때는 1905년 을사늑약과 1910년 한일병합 즉, 국권 피탈이라고 부르는 커다란 두 사건으로 요약할 수 있다. 1890년대부터 1910년대는 엄청난 혼란과 원통함이 우리나라를 뒤덮고 있었다. 바로 이 시기에 이율곡과 비견되는 천재가 태어났으니 얼마나 슬픈 일인가. 개인의 능력도 나라가 온전해야 발휘될 수 있다. 우리가 나라를 사랑하고 발전시켜야 되는 여러 이유 중 한 가지가 바로 여기에 있다.

관복을 입은 이상설 (왼쪽은 아우 이상익)

이상설은 조선의 마지막 과거인 대과에 1894년 스물일곱의 나이에 급제했다. 25세, 지금으로 이야 기하면 대학교를 졸업하자마자 온갖 고시에 다 합 격하고 한림학사와 세자를 가르치는 세자시독관과 임금의 비서인 비서원랑 등을 거쳐서 27살 때에는 비록 재임 기간은 아주 짧았지만 성균관 관장에 임 명되었다. 당시는 폭풍과도 같은 시절이어서 겸직과 짧은 재임 기간이 다반사였다. 이후에도 여러 벼슬을 거쳐 36세가 되던 해인 1905년 의 정부 참찬에 오르셨다.

앞서 이야기했지만 1905년은 을사늑약이 강제로 맺어진 해였다. 이때 이상설은 임금에 게 차라리 자결을 하여 이 조약을 인정할 수 없음을 보이시라고 여러 차례 상소하였다.

이상설은 그해 1905년 1월 종로에서 군 중들을 모아놓고 연설을 한 후 자결을 시도 하였으나, 피투성이가 되어 의식을 잃고 사 람들에게 업혀서 간신히 생명을 지킬 수 있 었다. 사실 이상설은 수학자라기보다 독립운 동의 원조라고 할 정도로 독립운동가로 유명 하단다. 네가 지금 알고 있는 독립운동가들 을 가르치고 상담하셨던 분이다. 심지어 안

이상설이 을사늑약의 부당함을 외친 상소문

이상설의 모습

중근 의사 의거도 이상설이 지시한 것이라고 당시 일본 정부는 믿을 정도였다. 왜냐하면 안중근 의사가 가장 존경하는 분이 이상설 선생님이었기 때문이다.

그런데 선생님은 누구보다 수학 공부를 아주 열심히 하셨다. 근대적인 수학책 두 권을 저술하였다. 선생님이 돌아가실 때 모든 유품을 불태우라고 하셨지만, 다행히도 수학책 『수리』와 『산술신서』 두 권은 아직까지 남아 있다.

가시밭길을 걸으며 나라를 되찾으려는 일생

1905년 을사늑약 이후 이상설은 모든 벼슬에서 사퇴하고 나라를 되찾기 위한 독립운동에 매진한다. 드디어 1907년 6월 고종은 비밀리에 이상설을 불러 네덜란드 헤이그에서 열리는 만국평화회의에 이준, 이위종과 함께 참석해 우리가 처한 현실과 일본 제국주의의 만행을 폭로하도록 명을 내린다. 이를테면 지금의 유엔에 대통령이 특사를 파견한 것과 비슷하다. 다음 고종이 내린 칙서를 보자.

헤이그 만국평화회의를 위해 떠난 이준, 이상설, 이위종의 모습

대 황제는 칙(칙: 황제의 명령을 적은 문서)하여 가로되 우리나라의 자주독립은 이에 천하열방(세계 여러 나라)의 공인하는 바라. 이에 여기 종이품 전 의정

부 참찬 이상설, 전 평리원 검사 이준, 전 주 러시아 공사관 참서관 이위종을 특파하여 네덜란드 헤이그 국제평화회의에 나가서 본국의 모든 실정을 온 세계에 알리고 우리의 외교권을 다시 찾아 우리의 여러 우방과의 외교관계를 원만하게 하도록 바라노라. 짐이 생각건대 이번 특사들의 성품이 충실하고 강직하여 이번 일을 수행하는 데 가장 적임자인 줄 안다. 대한 광무 11년 4월 20일 한양경성 경운궁에서 서명하고 옥새를 찍노라.

이것이 그 유명한 '헤이그 밀사사건' 이다. 나라를 되찾기 위한 고종과 신하들의 마지막 몸부림이었다. 세 사람은 비행기도 없던 시절에 천신만고 끝에 네덜란드에 도착했으나 일본의 방해로 정작 본 회의에는 참석도 하지 못하고 만다. 지병이 있던 이준 열사는 먼 타국에서 피를 토하고 세상을 떠난다. 이 사건 이후 이상설은 본국으로 돌아오지 못한다. 일본은 이상설도 없는 재판을 열어 그에게 사형을 선고했기 때문이다.

귀국을 미룬 이상설은 북간도와 러시아 국경 지역에서 독립운동을 수행한다. 이상설은 만주, 러시아, 유럽과 미주 지역을 넘나들며 교육기관을 설립하고 망명정부를 수립했다. 계속해서 한국 독립의 당위성을 알리는 외교적 노력과 해외 독립운동단체의 조직화에 힘쓴다. 그는 비장한 심정으로 여러 국가를 방문한 다음 러시아로 돌아와서 독립운동을 하게 된다. 이상설은 일제에 짓밟히는 우리의 실정을 알리고 국제 여론에 호소하고자 최선을 다했다. 또 영국, 프랑스, 독일을 직접 돌아다니며 동양의 평화를 위하여 우리나라의 존재가 무척 중요하다

고 강조하고 대한민국의 영세 중립을 주장하였다. 이런 활동은 1909
년까지 이어졌다.

1909년부터 러시아 시베리아 동남부 블라디보스토크에 망명지를
정한 이상설은 시베리아, 간도, 하와이, 미주 본토에 있는 모든 재외
한민족을 조직해 항일독립운동의 터전을 잡고 1914년에는 망명정부
이름을 가진 최초의 대한광복군 정부를 세웠다. 이 대표에 추대되어
국내외 민족운동을 총괄하였다. 이외에도 항일운동은 계속되었다.
1919년 중국 상하이에서 대한민국 임시정부가 건립된 것은 이상설의
영향이 컸다. 아마 선생님이 1919년까지 살아 계셨다면 대한민국 임
시정부의 초대 대표가 되었을 것이다.

『산술신서』와 『수리』

이상설이 본격적으로 신학문을 공부하기 시작한 것은 그의 나이 15세
되던 1835년부터이다. 그가 열심히 공부한 것은 수학, 영어, 법학이
다. 《대한매일신보》에 그에 관한 기사가 나온다.

1편 총론
2편 정수의 조립과 계산
3편 사기법의 정리와 제술
4편 정수의 성질
5편 분수
6편 소수
7편 순환소수

산술신서(상권:1, 2권)의 목차

(이상설)씨는 우리나라에서 학문으로 최정상급이다. 일찍이 학문적 소양이 비길 바 없이 뛰어나서 동서의 학문을 독파했는데 성리학 외에 특히 수학 정치 법률 등의 학문이 부강의 발판이 되는 학문임을 일찍이 깨달았다.

여러 기록에서 볼 수 있는 바와 같이 이상설의 수학 실력은 매우 뛰어났다. 선생님은 우리말로 된 수학책 『산술신서』를 편찬하였다. 1900년 편찬한 이 책은 국한문 혼용으로, 한글을 이용하여 쓰인 근대적인 수학교과서이다. 물론 학생들이 이 책으로 공부하는 게 아니라, 학생들을 가르치는 선생님들을 위한 교재였다. 이후 여러 수학책들이 출판되었고, 본격적인 근대 수학교육이 시작되었다. 1908년 조선총독부가 우리 교육을 통제하기 시작하면서 1945년 나라를 되찾게 될 때까지 우리말로 된 수학책은 활발하게 발간되지 못했다.

우리는 서양 수학이 일본을 통해 들어왔다고 생각하는데, 이는 사실이 아니다. 우리 선조들은 구한말 나름대로 새로운 수학을 소개하고 익히고자 노력하고 있었다. 교사를 키우는 한성사범학교에서 예비교사 교육을 위해 만든 수학 교과서 『산술신서』는 상권 1, 2권으로 되어 있다. 현재 기준으로도 적지 않은 1,000부가 초판으로 발간되었다.

서문을 보면 이 책은 원래 출판사 편집국이 이상설에게 위촉하여 편찬하도록 한 책이다. 일본에서 서양 수학책을 번역하고 편집해 만든 수학책을 이상설이 다시 필요한 내용을 첨삭하여 편역한 수학교과서가 『산술신서』다. 사범학교와 중학교, 혹은 학교에서 산술교과서로 이용하기 위해 번역해서 편찬한 것이다. 주로 원서의 체제에 따라 편찬하기는 했으나 부족한 점을 보완하고 불필요한 부분을 삭제하여 체제를 갖추었다. 총론에서는 수 · 정수 · 공리 등 각종 수학용어의 개념을, 각론에서는 가 · 감 · 승 · 제를 비롯하여 정수 · 소수 · 최소공배수 · 분수 등을 다루었다. 원서에서 문제가 복잡한 제4편과 5편의 잡제 등은 삭제했고, 이해가 어려운 제2편, 제4편, 제5편에 응용의 예시를 새롭게 추가했다. 중간 중간 예제를 두어서 학습자가 직접 문제를 풀어볼 수 있도록 했다. 국한문 혼용을 원칙으로 하고 있으나 용어에서는 때때로 서양 원어를 사용하는 경우가 있었다. 로마 문자와 아라비아 숫자는 그대로 사용했다. 이에 대해 이상설은 원서의 모방이 아니라 원어를 사용하는 데서 오는 편리함과 함께 나중에 대수, 기하학 등을 연구하는 데 예비적 지식을 제공하기 위한 것이라고 밝히고 있다.

『산술신서』의 내용 중에는 소수(素數:prime number)에 관한 내용이 나오는데, 전통적으로 동양 수학에서 소수에 대한 개념은 전혀 없었다. 이 책의 내용 중 소수의 성질, 특히 소수가 무한이라는 증명과 소인수분해를 통한 수론은 아마도 당시 지식인들에게 매우 큰 충격이었을 것이다. 『산술신서』는 나머지정리, 합동식, 지수법칙, 순환소수 등 간단한 수론을 포함시켰으며 그 증명을 하고 또 이를 요구하는 문제를 포함하고 있다. 그야말로 요즘 같은 현대적 수학책이 나온 것이다.

『산술신서』가 나오기 전 1886년, 1887년 이상설 선생님은 『수리』를 저술하였는데, 이 책은 최근(2010년)에 와서 발견되었다. 중국 수학책 『수리정온』에 내용 보충을 한 것으로, 이상설이 자필로 수학을 공부한 내용이 잘 정리되어 있다. 이를 통해 어쩌면 이상설 선생님은 동양 수학과 서양 수학을 두루 섭렵하지 않았을까 하는 추측이 든다. 이 책은 오채환 박사가 발굴하여 현재 내용이 연구되고 있다.

나라를 되찾을 그 날까지 제사도 지내지 마라

이상설은 1917년 3월 2일 머나먼 러시아 우수리스크에서 48세의 나이에 병으로 돌아가셨다. 오직 조국 광복만을 생각하신 선생님은 독립운동을 위해 모든 것을 바친 고단한 삶의 결과, 건강이 안 좋으셨다. 병석에 누워서 1년간 투병하였으나 세상을 뜨고 말았다. 다행히 임종하실 때 이동녕 등 독립애국지사가 그의 곁에서 유언을 들을 수 있었다.

이상설 생가

타고난 용모가 비범하고 생각이 깊고 무궁한 당대의 뛰어난 천재가 나라를 잃고, 그 나라를 되찾으려고 온힘을 다하시다가 남의 땅에서 돌아가신 것이다. 임종 당시에 13명의 독립운동가가 모였는데, 이상설의 마지막 유지는 "우리나라에

이상설 생가 입구

회복할 기회가 올 것이니 모두들 낙망 말고 분발하라"는 것이었다고 한다. 임종을 지켜본 동지 중의 한 분이 선생의 유품과 원고들은 어떻게 했으면 좋은가 묻자, 선생은 "모든 것이 미완성이며, 또 내가 후세에 무슨 면목으로 영향을 끼칠 수 있겠는가? 오히려 우리 동포들에게 미안할 따름이다." 또 "나 행여나 죽은 찌꺼기를 조금이라도 남기지 말기를 원한다. 내 국토를 잃어버렸는데 어느 곳 어느 흙에 누를 끼치리오." 하고 눈을 감았다. 동지들은 선생의 뜻대로 화장으로 모시고, 모든 것을 불태워 없애고 분골은 바다에 뿌렸다고 한다.

조선시대의 옛 수학이 서양 수학으로 가는 길목에서

바닷물과 시냇물이 만나는 짠물과 민물이 교차하는 곳은 다양한 물고기가 풍부한 좋은 환경이 조성이 될 수 있다. 우리의 반만년 역사에서 고작 36년간의 일본 제국주의 지배는 아무것도 아닌 가벼운 감기 한 번 살짝 앓는 정도다. 하지만 많은 것을 잃은 사실은 분명하다. 만약 우리의 옛날 수학이 자연스럽게 새로운 서양 수학과 만났다면, 기름지고 풍부한 영양이 가득 찬 갯벌을 만들어 낼 수 있었을 텐데. 우리는 그 기회를 박탈당했다. 다시는 그런 일이 일어나서는 안 된다. 독도 같은 아주 작은 섬일지라도 우리 국토를 지킨다는 것은 중요한 일이다.

이상설은 천재 수학자였다. 우리의 DNA 속에는 분명히 이상설 선생님과 같은 피가 흐르고 있다. 이상설 선생님과 같은 고향 출신인 진천의 농민문학 시인 오만환 선생님은 다음과 같은 시를 쓰셨다. 이 시를 읽으며 이상설 선생님을 다시 떠올려 보자.

진천의 유전자

오만환

허생원이 과거에 낙방하고

걸미고개에서 어느 처자의 위로를 받고

평생 농사 지으며 자식 키우고 풍년을 살았다 하네

그래서 생거진천(生居鎭川)

동학의 남접과 북접

갑오년 개혁이냐 반역이냐

장터에서 실컷 다투다가

몇만명이 한 물결로 괴산 보은 금산

굽이쳐 가다가, 공주 우금치 고개 넘지 못하고

금강 나루에서 사라졌다 하네

대구에서 시작한 국채보상 운동

집집마다 들판마다 불길처럼 일어났다 하네

백년 전 신문을 보면

일본인 주재소 수없이 습격을 받고

칼 차고 말을 탄 헌병

활과 주먹에 맞아 꺾어졌다 하네

백비(白碑)에 무슨 말씀, 소용이 있었던가

헤이그 밀사 보재 이상설

죽음 앞에서 아무것도 남기지마라

나라를 찾을 그날까지 제사도 지내지마라

선생께서 편찬한 국한문 혼용 수학교과서

『산술신서』와 한문책 동서양 논리학을 읽다가

읽다가 그만 청년들은 돈도 마음도 몸도

독립전선에 다 바쳤다 하네

숭렬사가 어디인가

덕성산 무이산 요순봉, 옥녀봉, 무술, 비들목

수백만평 땅 차라리 빼앗길지언정

정의가 이기느냐 불의가 이기느냐

매국노(賣國奴)와 타협은 없다

학자들(석농, 석탄, 경암)은 독립만세를 부르다

파리 만국평화회의를 향해

한지(韓紙)에 독립청원의 긴 편지를 쓰시고

간밤엔 매화가 피고

문필봉과 매봉엔 흰 눈이 쌓였다하네

기미년 4월, 그 새벽

이상설 어록비

1 이상설 선생님이 26살 때 당시 정치하는 사람들이 양극단으로 흐르는 것을 보고 하신 말씀이 다음과 같다. 오늘날에도 되새겨 볼 필요가 있다.

그 하나는 습속에 얽매인 사람들로서 세계 정세가 돌아가는 것을 이해하지 못하고 새로운 것으로 옮겨 가려는 노력이 없는 것이고 다른 하나는 개화를 급히 서두르는 사람들로서 자기의 근거인 전통을 무시하고 개화에 대한 자신만을 가지고 독촉하고 남을 책망하는 허물을 저지르는 것이다.

2 충북 진천군 진천읍 산척리에 이상설 선생님을 기리는 사당인 '숭렬사' 가 있다.

위　치 : 충북 진천군 진천읍 산척리
참　고 : 진천군청(www.jincheon.go.kr)

이상설(1870~1917) 선생이 태어난 생가이다. 선생은 현 가옥에서 학자이신 이행우의 아들로 태어나 1894년 문과에 급제한 뒤 성균관 교수, 한성 사범학교 교관 등을 역임하면서 영어, 프랑스어 등 7개 국어를 구사하여 신학문을 깨우쳤다. 1904년에는 보안회의 후신으로 대한협동회를 조직하여 민족 운동을 하였으며, 탁지부 재무관 법부협판을 거쳐 1905년에는 의정부 참찬에 발탁되었다. 같은 해인 11월7일에 수옥헌에서 이또 주재 하에 대신회의가 강제 개최되어 이완용 박제순 등의 찬성을 조약체결을 선언하였는바, 선생은 대신 회의에 실무 책임자임에도 일본군의 방해로 참석하지 못하고 다음날 새벽에 알게되어 땅을 치며 통곡하였다. 1906년 4월에 국권회복운동에 앞장설 것을 결심하고 이동녕, 정순만과 같이 망명길에 올라 상하이를 거쳐 북간도 용정으로 가서 서전서숙을 건립하고 자비로 항일 민족교육을 시켰으며 1907년 6~7월 헤이그에서 개최하는 만국평화회의에 참석하라는 고종황제의 위임장을 받고 이준, 이위종과 함께 한국의 실권과 국권의 회복문제를 국제여론에 호소하려다 실패한 후, 이준은 현지에서 순사하였다. 선생은 귀국하지 않고 영국, 프랑스, 독일, 미국 등 여러 나라를 다니면서 일본의 침략성을 폭로하고 한국의 독립이 동양평화의 열쇠라고 주장하였다. 1910년 한일합방이 되자 소련령으로 이주, 한흥동의 한인마을을 건설, 민족교육을 시키다 1917년 47세 때 병으로 세상을 떠나셨다.

수학으로
독립운동을 한 사람이 있을까?

－수학으로 나라를 구하기 위한 몸부림

혹시 남순희(南舜熙)란 이름을 들어본 적 있니?

여자 이름 같지만, 남자분이시지.

일제강점기에 독립운동을 한 분들은 참 많다. 그런데 남순희 선생님은 널리 알려진 독립운동가는 아니야. 하지만 우리가 모르고 넘어가기에 너무 아까운 분이야. 조선은 1910년 한일 병합으로 일본의 식민지가 되었지.

우리 조상들은 중국 상하이에 망명정부를 세우고 빼앗긴 국토와 국권을 되찾기 위해 독립운동을 진행했단다. 그렇다면 조선 말부터 1910년 일본에게 조선이 병합되기 전까지 수학과 관련해서는 어떤 일이 있었을까?

일본의 거짓말

한일 병합이 된 후 일본은 한반도 침략의 정당성을 여러 방면에서 주장했다. 예를 들면, "조선은 과학 정신이 없다. 조선은 새로운 문물을 받아들이려는 노력이 없었다. 일본이 대신 철도를 건설하고 도로를 만들어 미개한 조선 사람을 개화시켰다. 조선에서 수학은 상놈이나 하는 짓에 불과했다." 같은 주장을 했다. 물론 지금도 이런 잘못된 억지 주장을 하는 사람이 있기는 하지만. 과연 1890년부터 1909년까지 우리 선조들은 정말 아무 일도 안하고 쇄국정책만 고집하고 수수방관하면서 일본이 침략하는 걸 보고만 있었을까? 결론부터 말하면, 전혀 아니다. 절대!

조선말 수학자, 남순희

여기서 소개할 남순희 선생님은 어떻게 하든지 우리나라를 부강한 국가, 침략당할 수 없는 나라로 만들고자 피나는 노력을 했던 수많은 선조 중 한 분이셨다. 남순희는 당시 외국 문물을 많이 받아들였던 일본으로 유학을 가 미국 수학책을 공부한 후 다시 우리나라 실정에 맞게 우리말로 편찬을 했다. 수많은 선조들이 나라를 지키기 위해 여러 방면으로 자기 분야에서 열심히 활동하였는데, 남순희는 수학 분야에서 열심히 노력한 자랑스러운 우리 조상이다.

조선은 1894년에 시작된 갑오개혁을 통해서 공식적인 개혁을 진행하기 시작했다. 그 중에서도 교육 개혁은 1895년 한성사범학교를 세움으로써 차근차근 시작되고 있었다. 그런데 학교가 있으면 교과서도 있어야 했다. 교과서 중 특히 수학책은 상당히 중요했고, 이런 필요에 따라 수학책이 나왔다. 이 수학책은 전통 수학이 아니라 지금 우리가 배우고 있는 수학교과서의 내용과 같은 서양 수학이다.

물론 남순희뿐만 아니라 그 이전에 최초의 서양 수학책인 『근이산술서』나 독립운동가로 알려진 헤이그 밀사 이상설도 독학으로 수학을 깨우친 천재 수학자였다고 알려져 있지만, 남순희는 본격적으로 '실제로 사용하는' 최초의 현대식 수학교과서를 만들었다는 점에서 꼭 기억해야 될 학자다.

우리나라 최초의 서양식 수학교과서, 『정선산학』

『정선산학』은 당시 책값이 70전이었다. 이 책은 국한문으로 쓰였으며 남순희가 1907~1908년 편찬한 산술교과서다. 1900년에 간행된 우리나라 최초의 이 산술교과서는 미국 산술서를 기본 골격으로 번역해 만든 책으로 정수, 분수, 소수, 순환소수 등 사칙연산과 부호를 설명하고, 연습문제와 해답으로 구성되어 있다.

지금도 공과대학에서 기초 미적분학이나 공업수학을 배우듯이 이 책은 당시 최신 서양 측량 등 과학기술을 배우기 위한 가장 기초적인 수학 내용을 담고 있다.

제1편은 사칙연산, 제2편은 정수의 성질, 제3편은 분수, 제4편은 소수 및 순환소수, 제5편은 명수(각 나라마다의 단위법)에 대해 234쪽에 걸쳐 설명하고, 추가로 32쪽의 분량에 문제 및 해답을 첨부했다. 물론 지금 수학책처럼 기하와 그림은 없으나 당시의 실용적인 산술계산을 염두에 두고 쓴 책이었다. 이 책의 수준은 지금의 초등학교 고학년과 중학교 저학년 수준인데, 먼저 개념을 한글과 한문으로 설명하고 철저하게 문제를 훈련시키려는 의도가

『정선산학』
1900년에 나온 초판 표지

엿보인다. 재미있는 부분은 지금의 최소공배수가 최저공배수로, 최대공약수가 최고공인자로 이름 지어진 점이다.

다음은 『정선산학』 43쪽에 나오는 18번 문제이다. 이 문제는 사칙연산을 실제 생활에 응용하기 위한 문제인데, 풀어 보면 아마 남순희 선생님의 숨결을 생생하게 느낄 수 있을 것이다.

경성에서 시작하여 의주에 도착하는데 처음에는 매일 50리씩 8일을 걷고, 나머지는 매시 25리씩 달리는 자전차를 타고 24시간을 달렸다. 경성과 의주의 거리는 얼마인가?
–이 문제는 50리×8에 25리×24를 더하면 되는데 50리×8일 + 25리×24시간 = 1,000리가 된다.

이 문제를 보면, 그 당시에 벌써 자전차(자동차)를 일반적으로 알고 있었고 의주로 가는 일이 그리 드문 일이 아니었음을 알 수 있다. 앞으로 남북통일이 된다면, 얼마나 신나는 수학문제가 될까?
다시 『정선산학』의 서문을 보자. 아래 글은 1900년 7월 15일 남순희가 교사로 있던 광흥학교 교장 권재형이 쓴 책의 서문이다.

남순희 군은 나의 문우로서 그 사람됨이 단아하고 침착하여 연구에 정성이 깊다. 일본에서 연구하여 학업을 성취하고 돌아와서, 일찍이 외국의 수학책들을 모아 그 요점을 간추려 우리글로 풀이하고 새로 편찬하여 간간이 자기 의견을 붙이고 풀이방식도 첨부하여 책을 만들었으니 그 이름을 정선산학(精選算學)이라 하노라. 이것을 인쇄하는 사람에게 주어 널리 보급하려고 나에게 교열을 요청하기에, 내가 휴가기간 중에 마음 내키는 대로 읽어 보니 사칙(四則, 덧셈·뺄셈·곱셈·나눗셈의 네 가지 계산법)에서 시작하여 구적(求積, 넓이나 부피를 계산)에서 마쳤다. 문(門)을 나누고 조(條)를 세움으로써 섬세함을 모두 갖추어 쉬운 것부터 까다로운 것까지 분석이 용이하여 더욱 조예의 일단을 볼 수 있다. 이 책 한 줄에 장차 사람마다 산(算)을 잡고 집집마다 이치에 밝아져서 설명하는 데 오래 기다릴 필요가 없을 것이니 후진들에 공헌함이 어찌 적다고 하겠는가. 오호라 남(순희)군은 지사(志士)라 할 만하다. 교열을 마쳐 돌려주고, 드디어 그를 위해 이 서문을 쓴다.

또한 그 학교의 부교장 임병항이 같은 해 9월에 쓴 발문에도 비슷한 내용이 언급되어 있다.

나의 벗 남군 동자(東子)여! 일본에 유학하여 학업을 완성하고 돌아와 자신이 간직한 보배로운 것을 한 시대에 널리 베풀 적에, 산술은 모든 학문의 근본이요 또한 나의 벗 동자가 매우 깊이 연구한 학문이다.

여기에서 남순희의 성품이 단아하고 침착하며 공부를 열심히 했다는 사실을 알 수 있다. 지사라고 표현한 것으로 보아 뜻이 있는 분이라는 것도 알 수 있다. 또한 당시 우리 조상들은 수학이 모든 학문의 근본이라는 사실을 잘 알고 있었다는 점도 알 수 있다.

최초의 수학책 광고

재미있게도 최초의 수학책 광고가 1900년 11월 30일자 《황성신문》 2면에 실렸다. 광고 문구는 서문 내용 일부를 추려 다듬은 다음과 같은 문구로 되어 있다.

> 의학교 교사 남순희 씨가 외국의 수학 책 중에서 아주 잘 된 것을 뽑아서 『정선산학』이라는 수학책을 발간하였다. 정의와 문제가 잘 되어 있고 풀이도 잘 정리돼 있어 배우는 사람의 수학 실력을 높여주고 초등과 고등을 막론하고 학문 향상을 꾀할 수 있다.

이로써 남순희는 유학을 다녀온 실력 있는 선생님이자 최초로 실명 수학책을 펴낸 사람이 되었다. 남순희는 배움에도 게으르지 않았는데, 광흥학교 특별 영어 야간학과에 학생으로 등록하고 수강을 했을 뿐만 아니라 우수한 성적의 이수자 3인에 들었다는 것이 이를 말해준다. 그는 잘 가르치기 위해서는 더 배워야 한다는 용기를 실천한 분이다. 짐작컨대 영문 원서를 직접 공부하는 일이 얼마나 중요한지 누구보다 절실히 깨달았기 때문이라고 생각된다. 이처럼 남순희는 당대 신학문의 선구자로, 누구보다 뛰어난 학자였지만 이에 만족하지 않고 자신의 '지적 정직성'에 스스로 엄격했던 단면을 엿볼 수 있다.

남순희는 여름방학 중이던 1901년 8월 3일 갑자기 세상을 떠났다. 한국 최초의 근대 수학자 반열에 올랐던 그는 안타깝게도 명이 너무 짧았다. 서양에서도 천재적인 수학자가 일찍 세상을 떠난 경우가 심심치 않게 나오는데 아마 남순희의 죽음도 그런 것 같다. 남순희는 떠났지

만, 그가 남긴 『정선산학』은 꾸준히
사랑을 받았다. 그가 죽고 6년이 지
난 1907년에 났던 도서 광고는 이를
잘 보여준다.

『정선산학』 신문 광고

광고는 정가 70전과 우송료 5전
을 명기하고 이 책의 저자가 남순희
임을 밝혔다. 이미 간행된 책은 다
팔렸으나 배우려는 사람들이 많아
이 책에 대한 수요가 있었다 하고 잘
못된 점을 고쳐서 개정판을 출판하였으니 빨리 와서 사기를 바란다고
하였다. 파는 서점과 출판사 이름과 장소도 표시하였다.

남순희 선생님의 짧았던 생애

남순희에 관한 자료는 1897년에 등장해 그해 일본에 있는 조선 유학
생 친목단체가 발간한 잡지에도 나온다. 여기에는 남순희가 서양의 수
학 수준과 출판물에 대해서 친구들에게 전달하는 내용이 나오는데, 당
시 유학생들은 스스로 국가 정치의 개화와 개혁에 중심이 되어야 한다
는 것을 뚜렷이 생각하고 있었다는 사실을 알 수 있다. 여기에 물론 남
순희의 이름도 포함되어 있었고, 당시 유학생들은 일본에 우호적이거
나 친밀한 것이 아니라 단지 서양 문물을 받아들이기에 가장 가깝고도
쉬운 나라로 일본행을 택한 것을 알 수 있다. 또 당시만 해도 일본은
우리나라를 침략하려는 야욕을 있는 그대로 전부 드러내지 않았다.

같은 해 8월 17일 《독립신문》에 일본 유학에 관한 기사에서 남순희가 나온다. 교사가 되어 부강하고 개화된 나라를 만들고자 하는 뜻을 가진 남순희는 1898년 개교한 흥화학교 교사로 부임하게 된다. 흥화학교 교장은 후에 한일합방이 되자 스스로 목숨을 끊은 애국주의자로 널리 알려진 민영환 선생님이다. 그 이후 다른 몇몇 학교 교사 명단에 남순희의 이름이 나오는데, 당시 우리 선조들은 나라를 일으켜 세우기 위해 배움의 중요성, 학교의 중요성을 명확하게 인식했다는 점을 알 수 있다.

교육을 우리 국력을 신장시키기 위한 중요한 방법으로 보고, 특히 그 중에서도 모든 학문의 토대가 되는 수학의 중요성을 일찍 간파하고, 실행에 옮긴 남순희 선생님. 우리는 조선 말 깨어 있던 위대한 수학자 중의 한 분으로 남순희 선생의 이름을 꼭 기억해야 한다.

1 오채환 선생님은 「대한제국 전반기의 수학교과서 편찬자 연구」라는
논문에서 남순희가 활동하던 시기에 대해 아래와 같이 서술했다.

   조선은 1894년 시작된 갑오개혁을 통해서 전반적인 제도의 개화
개혁을 공식적으로 추진했다. 교육개혁은 2차 갑오개혁기인 1895년
4월 16일 반포된 한성사범학교관제(漢城師範學校官制)를 필두로 학부
가 주관하는 새로운 학교제도가 도입됨으로써 실행되기 시작했고,
이에 따른 수학교과서(간이사칙문제집 7월, 근이산술서 상권1 9월, 상권2
11월)들도 최초로 발간되었다. 이후 1897년부터 출범한 대한제국 시
기가 3년이 지난 1900년까지 5년간은 수학책 발간이 공백기를 가졌
지만, 한일합방으로 대한제국이 막을 내릴 때까지 10년 동안에는 당
시 연호들(건양·광무·융희)만큼이나 다양한 근대 수학교육의 자발
적 실천이 도모되었다. 그 중 전반기에는 실명 편찬자의 수학책이 4
종 발간되었다.

2 1898년 9월 24일 《황성신문》 3면 잡보 기사는 남순희가 인천공립 소학교 교원으로 재직 중인 신분이면서도 신설되는 사립학교 일광 흥숙의 명예교사를 기꺼이 맡았다는 내용이 나온다. 당시는 유능한 교사 가 부족한 시절이라 겸직을 했을 가능성이 있다.

1898년 11월 4일 전후로 10일간 계속 같은 내용이 《황성신문》 광 고기사로 게재되는데, 그 내용은 사립 흥화학교를 설립하여 개교한 다는 것이며, 남순희는 그 교사 명단에 들어 있다. 또한 이어진 같은 광고지면에는 조금 앞서 이미 설립되어 있던 광흥학교의 학교 이전 기사가 실렸는데, 거기에도 남순희가 교사 명단에 공시되어 있다.

Part **2**

무궁무진한
우리의 옛 수학

경주에 가면
신라 수학이 보인다
-삼국시대의 수학

옛날에 만든 물건을 지금 똑같이 다시 만들지 못한다면, 과연 이게 말이 될까? 그것도 주사위를? 그런데 실제로 그런 주사위가 있다. 바로 신라시대 유적지 안압지에서 출토된 목제 주령구가 그것이다. 지금은 왜 똑같은 걸 못 만드는 걸까? 그 이유는 이 주사위가 너무나 정교하게 만들어졌기 때문이다. 과연 이 주사위에 어떤 비밀이 숨겨졌는지 알아보자.

또한 첨성대와 석불사(석굴암)에도 수많은 비밀이 숨어 있다. 그 비밀은 과연 무엇일까? 불국사를 만드는 데 백제 장인이 동원되고, 고구려에서 온 재료가 사용되고, 신라인의 손길까지 닿았을 것이다. 이것들은 모두 당시 삼국시대 수학의 찬란한 업적이다.

삼국시대, 과거로의 수학 여행

우리 역사에서 조선시대는 갑자기 따로 나온 것이 아니다. 조선 이전에 고려가 있었고, 그 전에 통일신라, 또 신라와 백제, 고구려 삼국시대가 있었다. 신라와 백제, 고구려 사람들은 조선의 조상이고, 역시 우리 조상들이 살았다. 당연히 삼국시대 사람들은 우리 역사를 만든 조상들이다. 조선시대 수학은 새로운 수학일 수 있지만, 그 바탕에는 오래전부터 전해 내려오던 수학이 분명히 있었다.

백제와 고구려는 약 700년간 지속된 국가였다. 신라가 백제와 고구려를 통일하면서 통일신라시대가 지속되었다. 『삼국사기』에 의하면 신라의 역사는 약 천 년에 달한다. 이것은 고려가 500여 년의 역사를 가지고 있고, 조선도 이와 비슷하게 520여 년의 역사를 가지고 있는 것과 비교하면 아주 긴 시간이다. 그 긴 유구한 역사에서 수학이 없었다면, 과연 생활이 되었을까?

삼국시대 유물이 텔레비전이나 신문, 인터넷에 나오면 집중해서 그 속에 수학이 있나 한번 살펴보자. 분명히 유물에 숨은 수학적 사실들을 찾아낼 수 있을 것이다. 왜냐하면 우리 몸 속에는 그것을 만든 조상의 유전자가 활발히 작동하고 있기 때문이다.

지금부터 삼국시대 수학을 살펴보자. 그런데 수학을 살펴보려면 수학책이 있어야겠지? 그런데 과연 그때 수학책이 지금까지 남아 있을까? 재미있는 책도 안 남아 있는데, 골치 아픈 수학책이, 과연 지금까지 있을까? 그렇지만 사실 엄청난 수학책이 남아 있단다. 수학은 절대 책으로만 남아 있는 것은 아니다. 건축물과 사회제도, 전쟁 같은 다양한 역사적 생활 속에 그 시대 수학이 담겨 있다. 이 부분은 앞으로 계속 우리가 연구해야 할 분야이기도 하다. 지금부터는 삼국시대의 수학을 하나씩 더듬어 보기로 하자.

첨성대는 하나가 아니다?

평양시 대성구역 안학동에 있는 평양 민속공원 건설장에서 발굴된 유적터에서 나온 숯의 연대 측정 결과, 고구려 첨성대가 5세기 초에 지어진 것으로 드러났다. 이것은 신라 27대 선덕여왕(재위 632~647년) 때의 첨성대보다 200년가량 앞선 것으로 추정된다. 평양 첨성대 터 유적은 안학궁성 서문에서 서쪽으로 약 250미터 떨어진 곳에 위치하며, 4각으로 된 중심시설과 그 밖으로 7각으로 된 시설로 구성되었다. 유적의 4각 기초는 띠 모양으로 연결되어 있으며 비교적 큰 강돌을 석회와 섞어 축조했다. 기초 시설 깊이는 1.3미터로, 지금까지 발굴된 삼국시대 건축물 가운데 기초가 가장 깊다.

-2011년 10월 13일 《세계일보》

위의 기사는 고구려가 삼국시대 천문학과 수학에서 가장 빠르고 주도적인 역할을 했으며, 백제와 신라로 그 지식이 전파되었음을 의미한다.

드라마 〈선덕여왕〉의 한 장면

혹시 첨성대는 신라 경주에만 있다고 알고 있었니? 이 기사를 보면 북한에서도 활발하게 우리 조상들의 유

첨성대

적을 찾는 작업을 하고 있음을 알 수 있다. 재미있는 것은 만주까지 지배했던 고구려에도 첨성대가 존재했다는 사실이다. 그렇다면 아마 백제에도 당연히 첨성대가 있었을 것이다. 그렇다면 첨성대는 과연 무엇일까? 첨성대에는 우리가 모르는 어떤 수학적 상징이 숨겨져 있을까?

여왕, 첨성대를 세우다

2009년 〈선덕여왕〉이라는 드라마가 방영되었다. 선덕여왕은 신라 제27대 왕으로, 시호는 선덕여대왕이다. 어릴 적 이름은 덕만공주, 고난 끝에 아버지 진평왕의 뒤를 이어 632년 왕위에 올라 16년간 신라를 다스렸다. 선덕여왕 시절 신라의 문화는 천년 신라 역사 속에서도 독특하고 뚜렷한 자취를 남기고 있는데, 첨성대도 그 중 하나다. 선덕여왕은 첨성대 외에도 황룡사 9층 목탑 등을 세웠다.

첨성대와 같은 특수한 형태의 석조물은 중국과 일본에서는 찾아볼 수 없다. 그 외형은 위쪽은 네모이고 아래쪽은 둥그런 형태인데, 이 건축 구조는 고려나 조선의 천문대 모양과 전혀 다르며 매우 독특하다. 첨성대만이 지니는 이 특이한 형태는 그 축조 양식에 동양적 우주관이 반영되었기 때문이다.

첨성대 하단 원형 모양과 상단 정사각형 모양은 중국의 오랜 수학

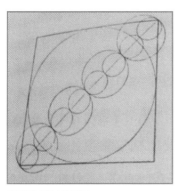

첨성대 저부 평면도

칠형도

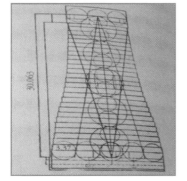

첨성대 측면도

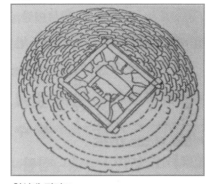

첨성대 평면도

책 『주비산경』에 있는 방원도方圓圖를 본뜬 것이다. 돌로 쌓아올린 27개
의 동심원 맨 꼭대기에 '정#'자형의 돌을 얹은 것은 28개 별자리의 운
행을 상징한다. 또 밑 부분 돌 12개는 1년을 구성하는 12개월을 의미한
다. 원통부의 1층에서 6층까지 돌의 개수는 16·15·15·16·16·15
로 동지부터 소한, 소한부터 대한, 대한부터 입춘, 입춘부터 우수, 우수
부터 경칩, 경칩부터 춘분 사이 일수와 딱 맞고, 27층까지와 꼭대기의
정자형 돌 개수는 대략 일 년의 날 수(365일)와 일치한다.

그리고 밑받침돌은 동서남북 방향과 딱 맞고, 맨 위의 돌은 그 중앙을 갈라 8방위에 맞추었으며 창문은 정남이다. 정남으로 향한 창은 춘분과 추분, 태양이 정확히 남쪽에 있을 때 햇살이 첨성대 밑바닥까지 환히 비친다. 하지와 동지에는 아랫부분에서 완전히 햇살이 사라지므로 봄, 여름, 가을, 겨울을 구분할 수 있다. 기막히게 정확하고 지금

단 번호	단의 높이	지름	원둘레	사중심 높이 (척)			
				동	남	북	서
29	1.00~1.10			1.00	1.00	1.02	1.02
28	0.95~1.00			0.95	0.85	1.00	1.00
27	0.85~0.87	9.64	30.30	0.86	0.86	0.86	0.86
26	0.80~0.91	9.64	30.30	0.91	0.80	0.90	0.87
25	0.70~0.87	9.64	30.30	0.75	0.87	0.70	0.70
24	0.90~0.95	9.75	30.60	0.90	0.92	0.92	0.95
23	0.90~0.97	9.80	30.80	0.95	0.92	0.90	0.97
22	0.90~1.00	9.84	30.90	0.92	1.00	0.90	0.94
21	1.00~1.10	9.84	31.20	1.00	1.00	1.10	1.06
20	1.15~1.20	10.06	31.60	1.15	1.20	1.15	1.07
19	1.10~1.10	10.32	32.40	1.10	1.07	1.05	1.00
18	1.00~1.06	10.57	33.20	1.00	1.05	1.02	1.06
17	1.90~1.07	11.08	34.80	1.07	1.05	1.00	1.05
16	0.92~1.07	11.43	35.90	1.00	1.07	0.92	1.02
15	1.05~1.10	11.81	37.10	1.10		1.00	1.10
14	1.03~1.10	12.29	38.60	1.07		1.00	1.03
13	1.00~1.07	12.42	39.00	1.05		1.05	1.05
12	1.02~1.03	12.83		1.02	1.08	1.05	1.05
11	0.93~1.09	13.63	42.80	1.09	0.93	1.00	1.02
10	1.02~1.12	16.20	44.60	1.03	1.02	1.00	1.05
9	1.00~1.10	14.61	45.80	1.00	1.00	1.05	1.02
8	1.00~1.05	15.00	47.20	1.00	1.00	1.00	1.00
7	0.95~1.00	15.25	47.90	1.00	1.00	1.00	0.95
6	0.95~1.00	15.49	48.60	1.00	0.85	1.05	1.00
5	0.95~1.15	15.57	48.90	0.98	1.15	1.00	0.98
4	0.90~1.05	15.67	49.20	0.94	0.90	0.97	0.97
3	0.95~1.08	16.27	51.10	1.03	1.08	1.04	1.015
2	1.00~1.02	16.60	52.10	1.00	1.02	0.98	1.00
1	0.95~1.09	16.84	52.88	0.70	1.05	0.95	1.03
B' 기단	1.10~1.30			1.30	1.30	1.30	1.30
1~27단과 정자석을 합한 돌의 개수 대략 365개			계	30.9	30.14	29.93	30.115

도 딱 들어맞는다는 사실에서 신라 수학의 놀라운 정밀성을 보여준다.

　이러한 첨성대의 구조에 관하여 1960년부터 10년간 부여박물관장을 지내고 처음으로 첨성대를 정확히 실측해 연구한 홍사준은 92쪽 표와 같이 수치를 측정했다.

　첨성대 기단의 대각선과 첨성대의 높이는 각각 24.20척, 30.63척으로 그 비는 약 0.8 즉 $\frac{4}{5}$ 가 되고, 정자석 한 변과 1층 원의 지름은 각각 10.10척, 16.85척으로 그 비는 약 0.6 즉 $\frac{3}{5}$ 가 되는 것을 알 수 있다. 그리고 최상층의 원지름과 중앙부에 있는 창의 한 변 길이는 각각 3.18척, 9.64척으로 그 비는 약 3이다.

　이들 $3, \frac{4}{5}, \frac{3}{5}$ 은 피타고라스정리의 원주율, $\sin\alpha$, $\cos\alpha$의 값이 되는 것을 발견할 수 있다.

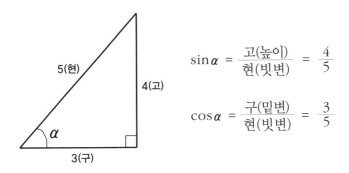

$$\sin\alpha = \frac{고(높이)}{현(빗변)} = \frac{4}{5}$$

$$\cos\alpha = \frac{구(밑변)}{현(빗변)} = \frac{3}{5}$$

　위의 사실을 통해 중학교 때 배운 피타고라스 정리 ($3^2 + 4^2 = 5^2$)가 첨성대의 구조에도 숨어 있음을 알 수 있다.

　첨성대의 높이가 30.63척이 되고 지름에서 나온 관계의 비가 $\frac{3}{5}$, $\frac{4}{5}$ 가 된 것은 수학적인 설계를 가지고 오늘날의 피타고라스 정리인 '구고현 정리'를 이용해서 만들었음을 알 수 있다.

안압지 주사위를 지금 만들려고 한다면?

다시 〈선덕여왕〉 이야기를 해보자. 이 드라마에서 선덕여왕의 아버지 진평왕이 신하들과 함께 음주가무를 즐기며 주사위를 던지는 장면이 나온다. 함께 그 장면을 보자.

"자, 이번엔 내 차례구나. 주령구를 던져라."

"음진대소(飮盡大笑)이옵니다. 폐하."

"음진대소라.
자, 모두 잔에 술을 따라라."

"하하하. 무엇들 하는거요.
음진대소라 하지 않소. 다들 크게 웃으시오."

진평왕이 주령구를 던지라 명하자, 두 번째 그림에서 볼 수 있듯이 궁녀가 특이하게 생긴 주사위를 던졌다. 그리고 주사위에서 나온 글씨가 바로 그 놀이의 벌칙이 되었다. 별다른 궁금증 없이 무심코 넘길 수 있었던 장면에서 우리는 찬란했던 신라 수학의 한 장면을 만날 수 있다.

경주에 있는 안압지의 정식 명칭은 임해전지臨海殿址이다. 안압지雁鴨

池는 조선 초기에 간행된 『동국여지승람』과 『동경잡기』 등에 기록된 명칭인데 조선의 시인들이 폐허로 남겨진 임해전지에 기러기와 오리들이 날아들어 휴식하는 것을 일컬어 다시 지은 이름이다. 신라 문무왕 시대, 왕궁에 딸린 연못으로 조성된 것으로 알려진 안압

목제 주령구

지와 주변 부속건물은 조선시대 경복궁 경회루처럼 나라의 경사가 있을 때나 귀한 손님을 맞을 때 연회가 열린 곳이었다.

1975년 안압지를 발굴하던 중에 진흙 속에서 출토된 나무로 된 주령구는 높이가 4.8cm이고, 작은 14개의 면(6개의 사각형 면과 8개의 육각형 면)으로 이루어져 있다. 우리가 주령구에 주목하는 이유는 바로 이것이 준정다면체인 '깎은 정팔면체'를 변형하여 확률이 유사해지도록 만들었기 때문이다. 주령구를 자세히 뜯어 보면, 단순한 정다면체가 아니라 정다면체와 유사하지만 정다면체와는 전혀 다른 모습인 것을 알 수 있다. 정다면체가 모든 면이 정다각형으로 이루어져 있는 다면체의 모습이라면, 이것은 두 종류 이상의 정다각형으로 이루어져 있으며, 각 꼭짓점에 모인 면의 배치가 서로 같은 볼록 다면체이다.

준정다면체는 아래와 같이 여러 종류가 존재한다.

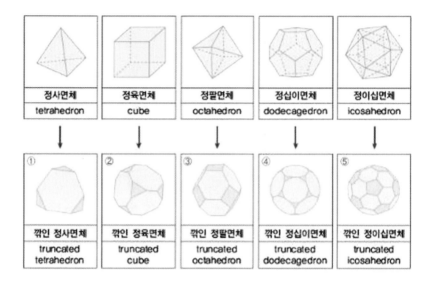

그리고 주령구의 14개면에는 글씨가 새겨져 있는데, 아래와 같은 내용으로 벌칙이 있다. 벌칙의 내용으로 봐서 아마도 술자리에서 쓰이던 놀이기구 같다.

8개의 육각형	6개의 사각형
• 자창괴래만 : 스스로 괴래만(노래 이름)을 부르기	• 자창자음 : 스스로 노래 부르고 스스로 마시기
• 공영시과 : 시 한 수 읊기	• 음진대소 : 술을 다 마시고 크게 한번 웃기
• 곡비즉진 : 팔을 구부리고 술 마시기	• 삼잔일거 : 한 번에 술 석잔 마시기
• 월경일곡 : 월경 한 곡조 부르기	• 중인타비 : 여러 사람 코 두드리기
• 임의청가 : 누구에게나 마음대로 노래 시키기	• 금성작무 : 소리 없이 춤추기
• 추물막방 : 더러운 물건을 버리지 않기	• 유범공과 : 덤벼드는 사람이 있어도 가만히 있기
• 농면공과 : 얼굴 간질여도 꼼짝 않기	
• 양잔즉방 : 술 두 잔이면 쏟아 버리기	

주사위를 던지는 사람 모두는 같은 조건에서 게임을 하게 된다. 예를 들어, 어느 한 면이 너무 크거나 작으면 주사위를 던졌을 때 그 면이 나올 확률은 아주 크거나 작을 테니까 불공평할 것이다. 이런 점에서 신라의 목제 주령구는 그냥 육면체를 깎아서 만들었거나 팔면체를 깎아서 만들었다는 단순한 의미의 준정다면체가 아니다.

아르키메데스가 13가지 준정다면체를 발견했다고 전해지고 있고, 1619년에 케플러에 의해서 재발견되었다. 그런데 신라의 뛰어난 학자들은 이보다 1,000년이나 먼저 이런 종류의 다면체를 이해하고 그 주사위의 각 면의 넓이를 계산한 것이다. 굉장히 작고 미세한 기구에 여러 가지 각도와 삼각형의 모양과 넓이에 관련된 정리를 완벽하게 현실에 적용하고 만들 수 있었던 신라시대 조상의 위대한 수학적 힘을 볼 수 있다. 지금 그 후손들이 반도체나 자동차, 그리고 휴대전화 같은 정밀한 물건을 세계에서 가장 잘 만드는 것도 다 이유가 있겠지? 다음은 지금 현재 목공예 전문가와의 대화를 정리한 것이다

목제 주령구에 관한 몇 가지 생각

■ 지금 기술로도 제작이 가능할까? 어떻게 이렇게 확률이 같게 만들 수 있을까?

−천 년째 해결이 안 되고 있다. 이 주사위를 확률로 실험해 보아도 비슷하다. 검증된 사실로 밝혀졌다. 그전에도 과연 이런 주사위가 존재했을까 하는 생각이 든다. 아주 정교하다. 부분적인 각도까지 체크해 보면 일정함을 알 수 있다. 이 주사위는 놀랍게도 확률이 일정하다.

■ 재료에 관해서?

-재료에 관한 의문이 든다. 재질은 참나무인데, 구멍이 숭숭 뚫리고 결이 거친 나무가 참나무다. 우선 손에서 잡힐 때 느낌이 그리 좋지 않다. 조각을 하든지 파든지 하면 예쁘지 않다. 나무에 대해서 아는 사람이 볼 때 참나무는 재질로서 적합하지 않다. 주로 단풍나무를 쓴다. 박달나무처럼 붓글씨가 일정하게 씌여지고 일정하게 깎이는 재료를 사용해야 할 것이다. 왜 이 나무를 사용했는지 의문이 든다.

■ 제작 기술 수준은?

-현재의 기술이 뒷받침되지 않는다. 정육면체에서 정팔면체를 자르는 각도는 경사가 옆면의 영향을 바로 받는다. 따라서 이 단면체는 아무나 함부로 손댈 수 없는 기술이다. 즉 국왕 직속기관이나 귀족을 상대로 하는 높은 수준의 기술을 가진 사람의 작품일 것이다. 이 기술은 아마도 민간으로 전파되었을 것이다. 이 목제 주령구를 일일이 수작업을 할 때 공구는 어떤 것을 사용했는지 궁금하다. 지금처럼 틀을 사용했거나 아니면 다른 방법이 있었을 것이다. 그 방법은 신라시대의 다른 석조 건축물로 미루어 짐작할 따름이다. 중국과 일본의 목조 건축물이나 우리의 목조 건축물을 비교해서 짐작할 수 있을까?

■ 당시 수학 수준은?

-그 당시의 수학을 추측할 수 있다. 준정다면체는 흔적이 전해 내려온다. 부풀린 정다면체, 즉 아르키메데스의 준정다면체는 우리가 서양보다 먼저 만든 것 같다. 이것은 기하학적으로 뛰어난 일이다. 통일 신라때 석불사 같은 조화와 균형을 이룬 석조 건축물을 볼 수 있는데 이것은 미술적으로도 대단한 일을 이룬 것이다. 기하나 각도 즉 수학을 모

르면 제작을 못했을 것이다. 석불사 내부 배치와 건축물 자체로도 안정 감 있는 비율을 유지하고 있는데, 이것은 수학 지식이 잘 정리되어 있음을 뜻한다.

■ 참고할 수 있는 자료는?

-이 목제 주령구를 분석하기 위한 그 당시 다른 나라의 참고될 만한 물건이 없다. 중국과 일본과 비교해서 그 수학적 뒷받침을 추측해서, 그저 경탄과 경외의 감정으로 이 주사위를 볼 수밖에 없다.

석불사(석굴암)를 원래대로

『삼국유사』에 나오는 석굴암의 정확한 명칭은 '석불사'이다. 불국사 와 석불사는 신라의 재상 김대성이 총지휘하여 만든 것으로, 전생의 부모와 이생의 부모를 위해 만들었다. 석불사 구석구석에 신라 수학이 들어 있는데, 공간마다 이상적인 비례 배분을 적용했다. 그러므로 삼 각비나 원의 성질, 원주율(π)를 모르면 절대 존재할 수 없는 건축이 바 로 석불사이다. 이 위대한 건축물에 대한 수학적 이야기는 많다. 동해 에서 해가 떠오를 때 한줄기 빛이 석불사 부처님 이마의 한 점을 비춰 다시 반사되어 나가는 환상적인 장면은 각도와 고도의 정밀한 측정과 계산이 없으면 불가능하다. 석불사의 해체와 재건의 슬픈 역사, 현재 석불사 내부에 맺히는 이슬을 보면서 지금 그 모든 것이 원래대로 올 바르게 지켜지고 있는지 의심이 든다. 석불사를 처음 현대적인 측량으 로 자세히 조사했던 사람은 안타깝게도 일본인이다. 이제 더 정확하게 수학적 사실을 밝히는 것은 우리가 할 일이다.

삼국시대와 고려로 이어진 수학교육의 역사

고구려의 유산과 유물은 남북한이 통일되고 나서야 제대로 연구할 수 있을 것이다. 백제의 찬란했던 유물 역시 계속 연구할 것이 많다. 유물을 연구하면서 거기에 담긴 수학적 지혜를 찾아내려는 노력이 이제 막 시작되고 있다. 지금까지는 주로 신라 수학을 예로 들어 조상들의 뛰어난 수학 실력에 대해 설명했지만, 고구려와 백제 이야기를 잠깐 해보자.

우리들이 수학이라고 부르는 학문을 옛 사람들은 '산학'이라 불렀다. 때로는 철술綴術로 부르는 경우도 있었다. 우리 수학은 농업, 천문학과 마찬가지로 일찍이 발전했고, 특히 중국 수학과 밀접하게 연계되어 서로 영향을 끼치며 높은 수준으로 발전했다.

그러나 다른 과학 분야와 마찬가지로 수학도 국가 통치 원칙과 내란 및 외침에 의해 방해받기도 했다. 특히 결정적으로 일제강점기를 거치면서 학문 발전의 맥이 끊어졌다고 볼 수 있다. 이 때문에 우리 조상들이 남긴 수학 분야에 대한 업적을 연구할 수 있는 자료가 많이 부족한 것이 현실이다. 하지만 부족한 자료를 통해서라도 찾을 수 있는 놀라운 조상들의 학문적 업적은 귀중한 것이다.

우리 조상의 수학적 업적을 분석하는 데 있어 가장 결정적인 도움이 되는 것은 중국의 자료다. 우리는 중국 자료를 통해 옛날 수학을 알수 있다. 삼국시대 수학 발전 과정과 그 수준은 『구장산술』, 『주비산경』을 비롯한 옛날 중국 수학책을 통해 짐작할 수 있다. 이 수학책은 서기 372년 고구려에서 설립된 교육기관 '태학'에서 정식 교과서로 사용되었다. 그러나 이 책이 우리나라에서 쓰인 것은 그보다 훨씬 더 이전일 것으로 추측된다. 황해도 안악군에 있는 고구려 안악고분을 비롯하여 각종 건축물의 특수한 구조를 가진 석실, 천장, 기타 비례관계, 정사각형에서 정팔각형을 구성하는 등, 수학이 자유자재로 이용되고 있다. 그 후 5세기경에 이르러 편당扁堂이라는 학교(초등학교에서 대학까지를 포함)에서 산학을 널리 전수하고 보급시켰다. 여기서는 일반 평민의 자제도 공부했다(태학에서는 귀족만 공부했다).

백제도 4세기 이후부터 교육이 활발하게 전개되었고 문화도 급속하게 발전했다. 따라서 수학도 상당한 수준으로 발전했다. 554년 백제의 역박사 왕도량과 왕보손 등이 일본에 달력을 전했을 때 산학도 함께 전달했으리라 추측할 수 있다. 일본에서는 약 702년부터 정식으로 학교가 설립되었고 산학을 가르치기 시작했다. 백제 수학은 신라에도 큰 영향을 미쳤다. 6세기경에 이르러 고전 수학서 10종인 산경십서算經十書, 즉 『주비산경』『구장산술』『손자산경』『해도산경』『오조산경』『하후양산경』『장구건산경』『오경산술』『집고산경』『철술』을 공부했다는 기록이 나온다. 정림사지 오층석탑을 비롯하여 백제의 많은 탑에도 수학이 풍부하게 응용되어 있음을 볼 수 있다.

수학책 『철술』에 대해 더 자세하게 말하면, 이것은 중국의 『철술』과 비슷한 것이라고 생각되지만 우리나라에서 내용이 더욱 보강, 발전되어서 후일에는 조선의 『철경綴經』이 일본은 물론 중국에도 전해졌다. 『철술』은 중국의 조충지(428~499)라는 학자가 처음에 10편으로 저술했다. 중국에서는 당나라 말(9세기)에 이르러 거의 없어지게 되었지만, 조선에서는 그 후에도 연구되고 계속 발전되었다. 『철술』에 담긴 내용을 지금은 전부 알 수 없지만, 주로 역서를 만드는 데 필요한 고등 수학이었고 원주율을 구하는 데 적용되었다.

이때 원주율이 어느 정도로 정확했는지를 통해 당시 수학 수준이 얼마나 높았는지 알 수 있다. 조충지는 원주율을 355/113 즉 3.1415929로 잡았고, 나중에는 보다 정확하게 계산하여 3.1415926보다 크고 3.1415927보다는 적다고 했다. 이것은 지금 우리가 알고 있는 수치 3.1415926535……와 비교하면 놀랄 만큼 정확하다. 조충지는 원주율을 계속해서 나눠서 계산한 것이다. 구체적으로는 원에 내접하는 정다각형의 변수를 점차 늘리면서 그 주위 길이를 구하고 원주율을 구한 것이다. 이것은 원에 내접하는 다각형의 변수를 무한하게 늘리면, 그 주위 길이가 결국(극한으로서) 원주율의 길이가 된다는 것에서 나왔다. 이 정도로 정밀한 원주율은 서양에서는 1587년에 아드리아엔(A. Adriaen, 1527–1607)이 찾아냈다. 아드리아엔은 원주율을 333/106과 377/120의 값으로 계산했다.

이 외에 건축, 천문에 응용된 것으로 당시 수학 수준을 알 수 있다. 석굴암 석굴 구조에서는 정육각형의 한 변과 외접원과의 관계 등이 활용되었고, 다보탑과 석가탑에는 등비수열이 응용되고 있다. 이를 통해서 우리는 신라 사람들이 높은 수준으로 수학과 역학을 연구하고 그것을 건축, 역서, 그 밖의 문제 해결에 요령 있게 응용하고 있었음을 알수 있다. 또 신라시대 수학 수준은 천문학, 지리학 그 밖의 과학 발전으로부터도 알 수 있다.

7세기 후반에 삼국을 통일한 신라는 중국의 고대 수학 발전 역사상

전성기를 맞이하고 있던 당나라와 빈번한 교역을 통하여 수학을 한층 더 발전시켰다. 682년 국학을 만들어 교육기관을 정비하고 강화했는데, 여기서도 산학은 주요 과목이었다. 여기서 박사 혹은 조교는 『철술』, 『구장산술』 등을 가르쳤다. 이때 신라에는 독자적으로 발전시킨 학문으로 쓴 책도 많았으리라 추측된다. 중국학자가 쓴 『집고산경』을 보면 당시 신라에서 삼차, 사차방정식을 다루고 있던 것을 알 수 있는데, 이로써 신라 수학 수준이 얼마나 높았는지 짐작할 수 있다.

통일신라에 이어 고려왕조는 수학과 교육 사업을 발전시키는 데 큰 역할을 했다. 서경(지금의 평양)에 학교를 세우고 산학을 가르쳤다. 그 후 개성에 세워진 최고의 교육기관 국자감에서는 6학과 중 하나로 산학을 가르쳤다. 여기서 수학을 가르치는 사람을 '산학박사'라 하였는데 그 벼슬은 종9품이었다. 원래 이 명칭은 신라시대에 국학에서 산술을 가르치던 관직을 뜻했는데, 조선시대에 '산학교수'로 이름이 바뀌었다. 그리고 행정 관리를 등용하는 시험인 과거제도의 한 과목으로 산학이 들어 있었다. 1136년에 제정된 과거법에서는 명산明算이라는 시험 과목이 들어 있는데, 『구장산술』 『철술』 등의 수학책을 중심으로 시험을 봤다.

이와 함께 11세기에는 사학이 활성화되었고, 12세기부터 향교와 서당이 마을마다 세워지고 전국적으로 교육기관이 확장되었다. 이런 학교에서도 기본 과목의 하나로 산학을 가르쳤다. 이처럼 수학은 그 이전보다 상당히 폭넓게 보급되었다. 고려의 수학교육에서는 중앙관부에서 지방관서까지 배치되어 있던 산사 즉, 계산에 종사하는 관리를 양성하는 것을 기본으로 하였다. 또 이전과 마찬가지로 천문관측과 역서의 작성, 양전(농지를 측량하는 것), 무역, 토목, 운수 등 실제적인 문제를 해결하는 데 수학적 지식이 널리 이용되었다.

14세기 초부터 이용된 『산학계몽』이란 책을 보면 당시 고려 말 수학에 대해 잘 알 수 있는데, 이 책은 조선시대 내내 산학 교재로 쓰였다.

1 석불사에 관해

1) 어느 시대나 그 시대의 기술과 예술은 과학적 성취를 발판으로 삼아 형성된 것이다. 건축 또한 마찬가지다. 고대 과학의 총아였던 천문학과 기하학은 건축에 직접적으로 활용됐다. 지구상의 어느 문명권에서나 고대 문명은 거대한 도시와 함께 등장했으며, 도시 내부는 가로 세로로 정연하게 구획돼 있는 격자형의 도로망을 갖는다. 이는 당시의 사람들이 얼마나 기하학에 열중하고 있었는지를 보여주는 사례이다. 첨단과학기술은 언제나 절대 권력의 상징이었고, 기하학을 활용해 그들의 세력을 과시하고자 했다.

삼국이 각각 고대 국가로 성장해 세력을 다투던 7세기 초, 백제와 신라에 각각 세워진 미륵사와 황룡사의 가람 배치에서 보이는 규모의 거대함과 정연한 기하학적 질서는 대표적 예다. 그 이후의 시대에서는 이러한 거대 건축과 기하학적 응용을 다시 볼 수 없는데, 이는 마치 고차방정식을 다룰 수 있는 학생이 더 이상 일차 방정식을 푼다고 자랑하지 않는 것과 같다.

석굴암은 지난 1996년에야 비로소 유네스코의 세계 문화재로 등록됐다. 그러니 전 세계에 덜 알려질 수밖에 없다. 석굴암은 지금으로부터 약 1200년 전인 서기 730년경에 건조된 것으로 추정된다.

석굴암은 수학, 기하학, 건축, 종교, 예술이 총체적으로 종합된 작품이다. 당시 중국이나 인도의 영향을 약간은 받았을 것이라고 추정되기도 하나 그 전체적인 설계와 공간배치 및 수학적 비례배분, 과학적인 자연통풍 온도

및 습기 등의 자연조절 모든 조각의 미술적 예술성 등은 세계 어디에도 유례가 없는 우리 특유의 작품이다. 그동안 여러 차례에 걸쳐 보수공사를 했고 많은 과학자들이 석굴암의 신비를 벗기려고 시도했으나 깊이 들어가면 들어갈수록 그 신비의 도는 한결 더 사람들을 놀라게 했다.

석굴암 본전불상의 얼굴너비는 당시 사용한 단위로 2.2자 가슴 폭은 4.4자 어깨 폭은 6.6자 양 무릎의 너비는 8.8자이다. 한마디로 얼굴 : 가슴 : 어깨 : 무릎=1 : 2 : 3 : 4의 비율이다. 그리고 기준이 된 1.1자는 본존불상 자체 총 높이의 10분의 1이다.

10분의 1이란 비율은 로마시대의 건축가 비트루비우스가 말하는 균제 비례의 적용이라고 할 수 있다.

신라인들이 당시 비트루비우스의 균제 비례를 알았을 리는 만무하다. 그러나 신라인들은 비트루비우스가 알아낸 안정감과 아름다움의 비율을 이미 알고 있었고 석굴암의 공간마다 이상적인 비례배분을 적용했다. 그리고 석굴암 전체의 구조를 기하학적으로 분석해 보면 모든 공간이 가로 : 세로 또는 세로 : 가로의 비율이 1 : 2인 직사각형으로 이뤄져 있다고 하니 신라시대의 과학기술 수준에 놀랄 뿐이다.

그뿐이 아니다. 석굴암은 지하로부터 물이 솟아 나와 굴의 바닥 아래로 흐르면서 굴 내부의 온도와 습도를 조절했던 것으로 추측된다. 신라시대에 만들어져 모진 세월을 버틴 석굴암에 일제 때부터 보수공사를 하면서부터는 오히려 누수현상, 습기, 이끼 등이 생겨 오늘날까지 이 문제를 풀지 못하고 있다.

요새 콘크리트로 덮고 인공적으로 온도와 습도를 조절하면서 사람의 출입을 막고 있지만 결국은 통풍과 습기가 자연 조절되던 원래의 구조를 잃어버렸으니 오늘날의 첨단과학기술도 1200년 전의 신라인들의 수준을 따라가지 못한다고나 할까?

2) 김용운 교수는 신라에 재정·회계 등을 담당하는 기술관리의 양성을 목적으로 설치된 수학교육기관이 있었으나 거기에는 서양적인 뜻에서의 기하학은 전혀 보이지 않았으면서도 석굴의 구조처럼 기하학적인 수법이 정교하게 이용된 것은 여러모로 생각하게 한다며, 그 응용 내용을 열 가지로 분류하였다. (《이야기 과학》)

① 기본 단위의 설정
② 기본단위의 분수점 등분
③ 정사각형과 그 대각선 (루트 2)으로 전개
(또 이 단위를 이용해서 입체도형을 구성한다.)
④ 등급차수를 이용한 본존불 형상의 결정
⑤ 정삼각형과 그 수직선의 분할(본존불과 받침 크기)
⑥ 정육각형의 한 변과 외접원(굴의 입구와 내부의 평면도 관계)
⑦ 정팔각형과 내접원 (본존불과 받침의 구성)
⑧ 원과 원주율
⑨ 구면
⑩ 타원

3) 1960년대의 석불사 수리공사에 대하여 강력한 반론을 제기했던 남천우 박사(전 서울대 교수·물리학)는 "석굴의 구조란 깊이 조사하면 조사할수록 실로 무서우리만큼 숫자상의 조화로 충만되어져 있다"고 말하면서 그것을 실현해낸 기술의 신비로움을 다음과 같이 말하였다. (남천우 「석굴암 원형보존의 위기」 〈신동아〉 1969년 5월호)

석굴은 경이적인 정확도로써 기하학적으로 건립되었다. 이 정확도는 1천분의 1, 아니 1만분의 1에 달하나 1만분의 1이란 10m에 대하여 1mm의 오차를 말한다는 것을 생각해 보면 석굴의 각 석재가 얼마나 정확한 위치에 놓여 있다는 뜻인지 알 수 있을 것이다. 더욱이 석굴 본당은 정원(正員)으로 이루어져 있고 이 원호(圓弧)를 구성하고 있는 조각의 숫자만도 15구에 달한다는 사실을 생각해 보면 거대한 화강암의 암석을 갖고 마치 밀가루 반죽이라도 다루듯 자유자재로 다듬어놓았던 신라인의 솜씨도 놀랍거니와 그러한 솜씨를 뒷받침하여준 신라의 기하학에 대해서도 경탄할 뿐이다.

석굴 본당의 원호를 그 내접하는 육각형으로 분할하여 육각형의 한 변을 입구로 삼고 나머지 원호를 정확하게 분할해낸 계산능력, 그리고 천장의 궁륭부를 이루는 원호를 정확하게 10등분 해낸 계산능력은 거의 신기에 가까운 것이다. 그리하여 남천우 박사는 다음과 같이 말했다.

"신라인들은 원주율 π의 값을 3.141592보다도 훨씬 더 높은 정확도를 알고 있었을 것은 물론이고, 아마도 정12면체에 대한 정현법칙, 다시 말하면, $\sin 9°$에 대한 정확한 값을 구할 수 있는 기하학을 최소한도의 것으로 갖고 있었다."

2 기와지붕 처마에 있는 우리 얼굴 복원하기

우리 한옥 기와지붕 처마는 암막새와 수막새로 만들어졌다. 7세기경의 신라 유물로 알려진 얼굴무늬 수막새는 사진처럼 손상되어 있다. 바라보면 덩달아 웃음을 띠게 되는 신라인의 얼굴은 바로 우리 자신의 얼굴이다. 얼굴무늬 수막새를 복원하려면 어떻게 해야 할까? 그 완전한 모습을 재현하려면 원의 중심을 찾아야 한다.

삼각형의 외심은 유물을 복원할 때 쓰인다. 손상된 유물의 테두리에 세 점을 찍고 그 점으로 삼각형을 만들어 외심을 찾으면 나머지 부분을 복원할 수 있다.

마방진,
그 신비한 이름
–우리 마방진 이야기

우리나라 교육과학기술부에서 펴낸 편수 자료는 수학 용어 및 수학자·수학교육학자 인명의 정확성과 통일성을 기하여 교과서 편수 기준을 제시하는 중요한 자료이다. 그 편수 자료 2부에 우리의 수학자로는 이상혁과 최석정 두 분이 실려 있어. 아래에서 보는 바와 같이 뉴턴과 라이프니츠 사이에 있는 최석정을 보자. 그는 수학서『구수략』을 지었고 마방진(magic square)을 연구했다는 설명이 나온다. 얼마나 마방진을 열심히 연구했길래 세계의 유명한 수학자 사이에 이름이 올라 있을까? 자, 이제 현대의 암호학에도 이용가치가 높다는 마방진을 구경해 보자.

인명	국적(출생지)	주요 업적
바렘(Barième. F. : 1640~1703)	프랑스	수치표 창안
뉴턴(Newton. I : 1642~1727)	영국	미적분학 발견, 만유인력의 법칙을 유도하여 천체 역학의 원리 완성
최석정(1646~1715)	한국	수학서『구수략』지음, 마방진 연구
라이프니츠(Leibniz. G. W. : 1646~1716)	독일	미적분학의 창시, 행렬식 연구
롤(Rolle. M : 1652~1719)	프랑스	롤의 정리 발견
베르누이(Bernouni. J. : 1654~1705)	스위스	미분방정식 연구

세계적 수학자와 나란히 나온 우리 수학자

마방진이 등장하는 〈뿌리 깊은 나무〉

드라마 〈뿌리 깊은 나무〉의 한 장면

〈뿌리 깊은 나무〉라는 드라마는 〈실록〉에 나와 있지 않은 한글 창제 과정과 창제 배경을 풀어낸 이야기이다. 이 드라마 초반부에 마방진이 등장한다. 한 핏줄이지만 권력성향에 대한 평가가 완전히 상반된 두 사람, 태종 이방원과 세종 이도, 그들에 대한 평가가 상반되었던 것처럼 마방진을 바라보는 부자의 시각 또한 달랐다. 장인의 죽음을 막지 못하는 동궁 이도는 극도의 괴로움 대신 놀이에 몰입하는데, 이 장면에서 마방진이 많이 등장한다. 마방진 놀이는 벌써 33방진까지 이르게 된다. 아직 풀어내지 못한 33방진에 매달리려는 세종을 향해 태종은 아들의 방진을 무너뜨리며 불호령을 내린다.

"1을 제외한 모든 숫자를 치워버리고 나면 1방진이든, 33방진이든 모두 성립되지 않느냐! 권력 또한 마찬가지이다!"

갓 세워진 조선의 기틀을 바로잡고 이끌어나가기 위해서는 오로지 군주만이 모든 권력을 틀어쥐고 통치를 해야 한다. 그것이 바로 태종 이방원의 국가운영 방법이었다. 그러나 일방진이든, 천방진이든 만방진이든 그 규칙에 따라 모든 행과 열과 대각선의 합이 같은 방진을 만들 수 있다고 세종은 극중에서 무언의 저항을 한다.

드라마를 보면 빈 찬합이 등장하는데, 사실 빈 찬합은 고사를 통해 '자결'을 뜻하는 상징으로 알려져 있다. 그러나 또한 그 속에는 마방진을 풀 수 있는 열쇠가 들어 있다. 그리고 그 마방진을 푸는 열쇠는 세종이 꿈꾸던 '나의 조선'을 여는 열쇠이기도 하다.

마방진은 숫자가 채워질 정사각형의 틀을 깨고 나서야 그 해법을 찾을 수 있다. 항상 아버지 태종에게 휘둘리는 세종이 새로운 조선을 만들기 위해서는 아버지가 보여준 절대 권력을 통한 통치의 틀을 깨야만 한다. 나는 다르다고, 내가 생각하는 것은 아버지와 다르다고 저항하기 위해서, 세종은 마치 마방진을 푸는 것처럼 제한된 틀을 벗어나야만 했다.

게다가 규칙에 따라 숫자가 바르게 배열되면 몇 방진이 되었든 언제나 그 해답은 나오게 마련이다. 왕이 모든 권력을 휘두르는 절대 통치가 아니라 국법과 세상의 이치에 따라 왕과 관료, 백성이 제 자리를 찾으면 진정한 태평성대를 이룰 수 있으리라는 원대한 꿈을 세종은 마방진을 통해 찾았다. 그렇게 숫자가 제 설 자리를 아는 마방진은 그 어느 방향에서 수를 합해도 그 값이 같아진다. 가로, 세로, 대각선 그 어디에서도 그 합은 같다. 즉 평등하다! 그것은 세종이 꿈꾸는 모두가 행복한 세상이었다.

화담 서경덕이 바라보던 마방진

황해도 개성의 옛 이름은 '송도'다. 송도에는 세 가지 유명한 자랑거리가 있었다. 박연폭포, 서경덕, 그리고 황진이다. 아마 황진이라는 이름은 많이 들어봤을 것이다. 황진이는 지금으로 치면 미스코리아나 소녀시대를 능가하는 당대 최고의 미녀였다. 그 아름다움이 조선 전체를 뒤흔들고 점잖은 선비들의 마음까지 흔들 정도였다. 황진이가 존경했던 사람은 바로 화담 서경덕이다. 서경덕은 14살에 『서경』 속의 태음력의 수학적 계산인 일월 운행의 도수를 스스로 공부해 깨우칠 정도로 똑똑하신 분이었다. 이런 천재 서경덕이 벽에 걸어놓고 3년 동안 고민하며 연구한 것이 마방진이었다. 자, 이제 우리도 마방진이 얼마나 놀라운지 한번 공부해 보자.

동양의 상수철학

마방진을 제대로 이해하기 위해서는 우선 신비롭고 아름다운 동양 수학에 대해 이해할 필요가 있다. 바로 상수철학이다. 서양에서 숫자를 연구하는 학문을 수비학Numerology이라 한다면, 그에 비교해서 동양에선 상수철학이 있다. 상수학은 상학象學과 수학數學이 합쳐진 말인데, 상학은 8가지의 괘와 8가지의 상을 가지고 이리저리 조합해 우주 만물을 나타내는 학문이다. 총 64괘로 전해 내려오는 상수철학의 정수가 바로 아래에 있는 『주역』의 64괘 그림이다. 저기 태극기 네 귀퉁이에 나오는 괘도 보인다.

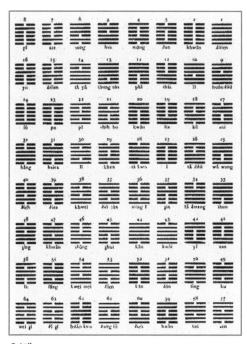

64괘

'사물의 기원은 동방으로부터 나왔다'란 말이 있을 정도로 동양의 상수철학은 서양에도 많은 영향을 주었다. 중국의 『역경』에 나와 있는 이 64괘를 이용하여 수학자 라이프니츠는 중국인들이 이미 이진법의 체계를 발견하고 사용했을 것이라 추측했다. 그들이 본 상수철학은 단순한 숫자 연구가 아니라 우주의 질서와 조화를 이루는 아름다운 것이었다. 서양에서는 그 아름다움 중에 '매직 스퀘어'를 최고로 뽑았다. 영어를 잘하는 친구들은 금방 눈치챘겠지? 마법 사각형, 바로 마방진이다.

고대의 마방진, 신귀 낙서와 하도

동양의 수 철학과 관련된 설명 때문에 머리 아팠지? 이번엔 마법 사각형이 왜 마방진을 의미하는지 그 모양과 기원을 살펴보자.

황하와 낙수 사이는 중국 문명의 발상지이자 기층을 형성한 곳이다. 황제가 천하를 통일한 어느 날 황하 속에서 한 마리 용마가 솟구쳐 나왔고 낙수 속에서 신귀가 떠올라서, 황제에게 도(圖) 하나와 서(書) 하나를 바쳤다고 한다. 이것이 바로 후세에 전승되는 하도와 낙서라는 것이다. 황제는 이 도서를 가지고 천지를 바로잡고 혼돈한 세계를 정돈했다.

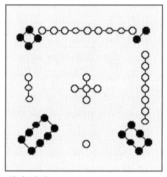

4	9	2
3	5	7
8	1	6

신귀 낙서

위의 마방진은 낙서洛書를 나타낸 것인데, 왼쪽이 그 거북 등의 무늬를 점으로 표현한 것이고 오른쪽은 그것을 현대적으로 만든 것이다. 오른쪽 행렬은 정사각형 모양으로 가로, 세로, 대각선에 놓인 수의 합이 15가 된다. 하도河圖는 이것과는 모양이 다른 행과 열의 변형으로 이루어져 있다.

바로 이 하도와 낙서가 상수

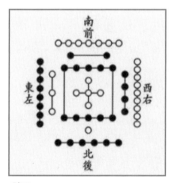

하도

철학의 꽃이다. 낙서에 등장한 숫자 배열을 보고 왜 마법의 사각형이 마방진인 줄 알겠지? 낙서에 등장하는 숫자 배열은 전형적인 정사각 행렬로 이루어진 마방진의 형태다. 이 오묘한 숫자의 세계에는 하늘과 땅, 생성의 의미가 들어 있다. 그래서 훗날 이 숫자들이 음양오행으로 발전되기도 한다. 낙서에 나타난 정사각행렬을 사람들은 방형으로 숫자가 진치고 있다는 뜻에서 방진이라고 불렀다. 이때부터 일종의 행렬 놀이인 방진이 유행했고, 중국이나 우리 수학책에서도 이를 중요하게 다루었다.

방진은 숫자의 합이 딱 맞아떨어져서 『주역』의 원리가 함축된 그림으로 인식되기도 했고, 우주의 진리를 나타내는 수의 배열로도 인식되어 왔다. 그러나 아쉽게도 마방진과 관련해서 남아 있는 기록은 그리 많지 않다. 마방진의 기록으로는 송나라 때 양휘가 지은 『양휘산법』의 속고적기산법 상권(1275), 명나라 때 정대위(1533~1606)가 지은 『산법통종』(1592)에 3차 마방진에서부터 10차까지의 마방진에 대한 언급이 있다.

마방진은 종횡도縱橫圖라고도 불렀다. 아라비아 상인들을 통해 이집트, 인도, 페르시아, 유럽까지 전해져 마방진이란 이름으로 불리게 되었다. 유럽인들은 마방진을 신비롭게 여겨 은판에 새겨 마귀를 쫓는 부적으로 사용하기도 했다. 본격적으로 수학자 오일러와 케일리도 마방진에 관한 연구를 했고, 영국의 피셔는 마방진을 이용해 농업 생산성을 조사했다. 그 외에도 마방진은 건축물, 심리테스트, 원료 비교 등 많은 분야에서 응용되었다.

현대에 이르러서는 마방진을 n×n 크기의 행렬에 n^2 개의 서로 다른 수들을 배열하되 가로, 세로, 대각선을 따라 수들의 합이 일정한 것으로 정의한다. 그런데 현재까지 크기가 $n \times n (n > 5)$인 마방진의 개수는 너무 많아 전부 알려져 있지 않다.

책으로 정리한 최석정

병자호란은 청나라가 명나라와 친한 조선을 압박하기 위해 침략한 전쟁이었는데, 이때 조선은 치욕스러운 굴욕을 당했다. 이른바 '삼전도의 치욕(병자호란 때 인조가 청나라 태종에게 항복해 무릎을 꿇었던 사건)'이다. 당시 영의정이었던 최명길은 병자호란 때 청나라로 끌려갔다. 훗날 영의정을 지낸 정태화가 말하기를, "반정 훈신 가운데 명망 있는 자가 많았으나 그 뒤의 처신과 마음가짐을 보면 당초에 털끝만큼도 부귀에 마음을 두지 않고 순수하게 종묘사직을 위해 거사한 사람은 몇 명에 지나지 않는다. 최명길, 장유, 이해 등이 그러한 사람이다."라고 했다. 그만큼 최명길이 청렴한 관료였다는 것을 의미한다. 또한 병자호란 당시 강화를 주장하는 입장이었음에도 자신이 쓴 항서를 찢는 척화파 김상헌의 행동에도 이유가 있다고 인정할 정도로 도량이 넓은 인물이었다.

그 후 최명길은 청나라 수도 심양에 있는 감옥에서 김상헌과 조우해 화해했다. 나라를 위하는 길에 다른 길은 있어도 틀린 길은 없는 것을 알았던 것이다. 그런데 최명길의 손자 역시 영의정을 지냈는데, 이분이 바로 '마방진의 대가' 최석정이다. 놀랍게도 최석정은 우리나라보다 외국에 더 많이 알려져 있다.

최석정(1646-1715)이 지은 수학책 『구수략』은 갑을병정 네 편으로 이루어졌는데, 갑은 가감승제, 을은 비례, 개방, 입방, 측량법, 병은 수열과 급수, 영육, 연립일차방정식, 정은 필산법 및 마방진 연구 내용으로 구성되었다. 최석정은 『양휘산법』의 속고적기산법에 들어 있는 마방진을 연구하고 새로운 마방진을 구성하여 『구수략』에 수록했다.

다음 123~124쪽에 나오는 사진들은 그 부분을 모두 모은 것인데, 이 책 원본은 현재 성균관대학교 도서관에 보관되어 있단다. 그림을 자세히 보면서 진짜 마방진이 될 수 있는지 살펴보는 것도 재미있을 것이다. 물론 틀린 부분도 일부 있는데, 중국 수학책의 내용을 그대로 옮겼기 때문이다. 후에 조선 최고의 수학자 홍정하는 틀린 부분을 바로잡았다. 『구수략』은 『동문산지』라는 책 내용을 이론적으로 정리해 서양 수학을 전한 책으로 알려져 있는데, 방진도 역易(유학 오경의 하나)으로 설명하려고 했다. 특히 역의 한 형태로 순열을 생각하여 라틴방진을 구성하고, 나아가 음양의 조합으로 사상四象(태양, 태음, 소양, 소음)이 만들어지는 것과 같이 두 라틴방진의 조합을 연구하게 된 것으로 추측할 수 있다. 즉, 9차 직교라틴방진, 즉 새로운 순열로 이루어진 직교라틴방진을 구성하였단다.

그런데 라틴방진, 직교라틴방진이 뭐냐고? 우리가 흔히 행과 열의 합이 같은 마방진만 알고 있지만 이 외에도 라틴방진, 직교라틴방진 즉, 오일러방진도 있단다. 이중 직교라틴방진은 오일러가 발견했다고 많이 알고 있지만, 『구수략』을 보면 조선시대 수학자 최석정이 먼저 발견했던 방진이다. 우리가 일반적으로 아는 마방진은 $n \times n$ 행렬로서 n 행, n 열에 1부터 n^2까지의 자연수를 반복하여 사용하지 않고 단 한 번만 써넣어 각 열, 각 행, 대각선의 합이 모두 같은 수가 나오도록 만든 것이었지?

각 줄의 합이 3차 마방진은 15, 4방진은 34, 5방진은 65, …… 즉 n방진 각 줄의 합은 $\frac{1}{n} \times \frac{n^2(n^2+1)}{2}$ 이 된단다. 차수가 홀수, 짝수인 마방진을 각각 홀수 마방진, 짝수 마방진이라 해. 일반적으로 홀수 마방진이 짝수 마방진보다 더 만들기 쉬워. 2차를 제외하고 모든 차수에 대하여 마방진이 존재한다는 것이 알려졌고 1차 마방진의 숫자가 1 하나뿐이므로 유일한 마방진이 돼. 그렇지만 2차 마방진은 존재하지 않아. 1, 2, 3, 4를 한 번씩만 써서 상하 좌우, 대각선 방향의 숫자의 합을 모두 같게 할 수는 없기 때문이다. 3행 3열(3차 방진)의 경우가 바로 낙서의 방진이란다.

지금까지 밝혀진 바로는 3차 마방진은 낙서의 배열이 유일하다. 4차에서 8차까지의 마방진은 속고적기산법에 두 가지씩 나타나 있고, 9차 마방진은 한 가지만 들어 있는데, 최석정의 『구수략』에 이들이 모두 나타나 있고, 또 하나의 독창적인 9차 마방진까지 첨가했다. 이 그림은 조선산학을 그린 병풍에 들어 있는데, 구경해 보도록 하자(2부 5장 참고).

여태까지 일반적인 마방진을 보았다면, 이번에는 조금 다른 라틴방진을 알아보자. 라틴방진은 행, 열 각각에 1부터 n까지의 숫자가 겹치지 않게 배열된 것이다. 즉, 고등학교 수학 교과서에 나오는 순열로 이루어진 것이다. 라틴방진 중에서 이러한 배열 두 쌍을 결합시켰을 때 겹치는 숫자쌍이 없는 두 쌍의 라틴방진을 직교라틴방진이라 한다. 다음의 첫 두 방진은 3차 라틴방진이고, 두 라틴방진은 직교라틴방진이 되며, 이것을 한 개의 방진(오른쪽 방진)에 나타내면 세 번째 방진이 된다.

2	3	1
1	2	3
3	1	2

+

1	3	2
3	2	1
2	1	3

=

2,1	3,3	1,2
1,3	2,2	3,1
3,2	1,1	2,3

세 번째 방진의 구성을 보면 첫 번째 수는 첫 라틴방진을, 두 번째 수는 두 번째 라틴방진을 나타낸다. 9개의 순서쌍은 숫자 1, 2, 3을 써서 만들 수 있는 가능한 모든 순서쌍의 집합이 된다. 두 개의 n차 라틴방진이 직교한다는 것은 n^2개의 가능한 모든 순서쌍이 만들어 진다는 뜻이다. 위의 직교라틴방진의 순서쌍 (i, j)에 $3(i-j)+j$의 값을 대입하면 옆의 마방진이 나오게 된다. 즉 n차 직교라틴방진이 있으면 n차 마방진이 얻어지게 된다.

$$(i, j) \Rightarrow 3(i-1)+j$$

2,1	3,3	1,2
1,3	2,2	3,1
3,2	1,1	2,3

⇒

4	9	2
3	5	7
8	1	6

이보다 61년 뒤인 1707년 스위스에서 태어난 수학자 오일러는 라틴방진을 연구하다 두 가지 라틴방진을 겹쳐놓았을 때 각 항목이 모두 다른 경우를 생각해내고, 이것의 이름을 '그레코-라틴방진'이라 지었다. 이렇게 이름을 지은 이유는 하나는 그리스어 알파벳으로, 다른 하나는 라틴어 알파벳으로 이뤄져 있는 두 라틴방진을 합쳤기 때문이다. 그 후 오일러를 기리는 의미에서 그레코-라틴방진을 '오일러방진'이라고 부르게 되었다.

수학사적으로 볼 때, 대개 우리 수학은 중국이나 서양에서 발전된 것을 받아들여 사용했다고 생각한다. 그러나 조합론의 원조가 되는 직교라틴방진을 처음 연구한 사람이 조선시대 수학자 최석정이었다는 사실은 놀랍다. 세계의 많은 사람들이 마방진은 오일러가 먼저 발견했다고 착각할 수 있지만, 60년 전에 이미 최석정이 발견한 사실은 서양 수학자들도 인정하는 부분이다.

『구수략』에 실린 마방진 관련 사진

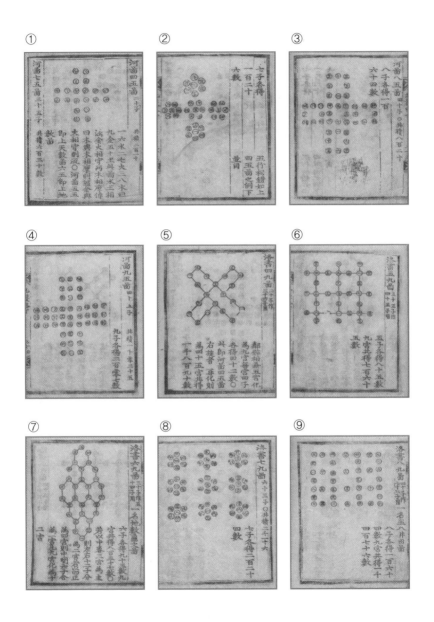

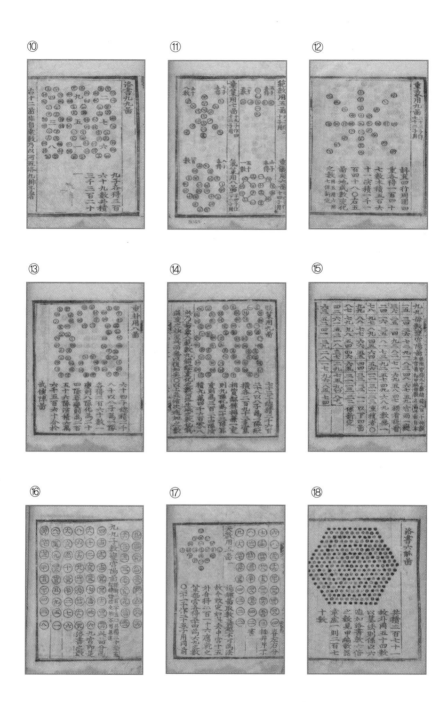

1 이 사진은 드라마 〈뿌리 깊은 나무〉에서 세종이 마방진을 푸는 장면
이다. 세종의 옷자락에 가려진 숫자는 무엇일까?

2	9	4
7	5	3
6	?	8

2 조선시대 화가 김홍도가 그린 그림 〈씨름〉이다. 그림 속 등장인물
에 숨어 있는 수의 배열에 대해 알아보자.

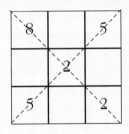

- 그림에도 마방진 같은 요소가 있다. 즉 그림을 나눠보면 등장인물의
  수가 8 + 2 + 2 = 5 + 2 + 5로 같다.

1 고대 중국 수학 중에서 가장 신기한 것은 종횡도(마방진)이다. 이것
은 대략 기원 전후에 출현했으나 송대 학자들이 이를 하도 낙서의
전설과 결합해서, 신이 준 물건으로 만들어버렸다. 이 과정을 통해 하도
낙서는 종횡도 덕분에 상수의 기원으로 비약하였다.

아득한 태고 시절 천지의 사이에는 음양의 기운이 각기 상은 있으나 수
는 없었다. 하도가 나온 뒤 55의 수와 홀수와 짝수가 생성됨으로써 찬란
히 나타나게 되었다. [송대의 대학자 주희(1130~1200년)]

수는 어디에서 비롯되었는가? 그것은 하도, 낙서에서 비롯되었다. 복희
가 이를 얻어서 괘를 그렸고 우임금이 이를 얻어서 9주를 정리했으며,
여러 성인들이 이를 얻어서 사물을 열었다. [명나라의 수학가 정대위
(1533~1606년)]

상고시대를 상고해 보건대 하수에서 하도가 나오고 낙수에서 낙서가 나
왔으니, 8괘가 여기에서 생겨나고 9주가 여기에서 차례대로 나왔으며,
수학도 여기에서 비롯되었다. [청대의 산학을 모두 모아놓은 책 『수리정온』]

이상의 언급들은 모두 하도, 낙서가 수학의 기원이라고 보고 있음을 말
하고 있다.

- 『술수와 수학 사이의 중국문화』, 동과서, 2003

2 바둑 리그전의 마방진 세계

　3차 마방진을 실생활에서 응용해 보면 아주 특이한 성질을 알 수 있다. 초단부터 9단까지 선수 9명이 나눠져 만든 바둑팀이 세 팀 있을 때 3차 방진도의 배열대로 팀을 한번 만들어 볼까? 물론 각 팀은 3명씩이다. 갑팀 선수 실력이 4단, 9단, 2단이고 을팀 선수의 실력이 3단, 5단, 7단이고, 병팀 선수의 실력이 8단, 1단, 6단이라고 할 때, 이 아홉 선수의 단수로 방진을 배열하면 낙서의 3차 마방진과 같게 된다.

갑	4	9	2
을	3	5	7
병	8	1	6

　경기를 리그전으로 한다면, 각 팀의 선수마다 상대방 팀의 세 선수와 마주쳐야 한다. 그래서 두 팀이 경기를 할 때는 9차례의 경기를 해야 승부가 난다. 갑팀보다 을팀이 강하고, 을팀보다 병팀이 강하고, 또 병팀보다 갑팀이 강하다는 논리가 나오게 된다. 이것은 마치 맴을 도는 격이어서 갑〈을〈병일 때 갑〈병이라는, 수학에서의 정의가 적용되지 않는다는 것을 알 수 있다. 이것은 형식 논리에 따라 추리하면 틀린 결론이 나올 때도 있다는 것을 말해준다. 어쨌든 3차 마방진을 이용해서 갑, 을, 병 세 팀을 구성하여 바둑 경기를 할 경우, 우리는 어느 팀이 이기게 되는지를 알 수 없게 된다.

　－안소정, 『우리 겨레 수학 이야기』

3

그렇구나,
우리의 수학은
−산학의 기초

우리 산학에는 재미있는 수학적 알고리즘이 많이 등장한다. 물론 우리 고유의 것도 있지만 중국에서 전해진 것도 있다. 하지만 이것을 가지고 더 깊은 독창적인 이론으로 발전시킨 분들은 이상혁과 홍정하 같은 학자들이다. 이번 장에서는 이상혁 선생님 수준까지는 아니더라도, 기초적인 산학을 대표하는 수학 공부를 동양 수학의 고전인 『구장산술』을 중심으로 해보도록 하자.

고려시대 수학시험장

지금 여섯 명의 시험관 앞에 한 소년이 앉아 있다. 첫 번째 시험관이 말했다.

"『구장산술』 제9장 10째 문항을 외워보시오."

소년은 자신 있는 목소리로 외우기 시작했다. 암송이 끝나자 다른 시험관이 문제를 냈다.

"가로가 24보, 세로가 36보인 방전의 넓이는 얼마인가?"

이 소년은 통에서 가느다란 막대를 꺼내 책상 위에 늘어놓고는 재

빠르게 계산했다.

"방전의 넓이는 864입니다."

이 문제는 직사각형 넓이를 구하는 것이라는 것을 알 수 있다. 아마 대부분 쉽게 답을 구할 수 있을 것이다. 소년이 답을 말하자, 다음 시험관이 문제를 냈다.

"잘 했네. 그럼 다음 문제를 풀어보게. 금 9꾸러미와 은 11꾸러미의 무게가 같은데, 금 한 꾸러미와 은 한 꾸러미를 바꾸어 넣었더니 원래 금 꾸러미의 무게가 13냥 가벼워졌네. 금과 은 한 꾸러미의 무게는 각각 얼마가 되겠는가?"

이 문제는 고려시대 기본 수학교과서라 할 수 있는 『구장산술』 제7장 영부족에 있는 문제이다. 이 문제는 지금 우리가 푼다고 해도 조금 까다롭다.

이처럼 옛날에도 수학시험이 있었다. 하루는 기본교재를 외우는 암송시험, 다음 날은 문제풀로 위와 같이 여섯 명의 시험관이 한 문제씩 내어서 여섯 문제 중 최소한 네 문제를 풀어야만 통과할 수 있었다. 앞에 나온 세 번째 문제처럼 다소 수준 높은 문제들도 출제되었다. 이러한 면접시험을 통과하면, 후에 수학과 관련된 벼슬을 가질 수 있었다.

수학을 이해하기 위한 열쇠, 산가지
좀 전에 소년이 시험장에서 문제를 풀 때 꺼낸 가느다란 막대를 기억

하니? 저 막대는 그냥 나뭇가지가 아니라 현재 우리가 쓰는 계산기 역할을 하는 도구였다. 이 산가지는 삼국시대 때 중국에서 들어왔다. 중국은 명나라 때부터 산가지를 거의 사용하지 않았지만 오히려 조선에서 더 활발하게 사용되었다.

이 산가지 활용 방법을 알아야 계산을 할 수 있으므로 산가지는 우리 옛 수학의 기본이라 할 수 있다. 우리가 암기를 할 때 간단히 노래를 만들어 외우듯이 옛날에도 노래를 이용해서 사용법을 익혔단다. 산가지 배열 방법도 마찬가지다. 산가지 배열 방식을 알려주는 노래 가사를 보자.

일의 자리는 세우고 십의 자리는 누이네.
백은 서고 천은 눕고 만 역시 세우네.
각 자리마다 5의 산대는 위에 놓네.

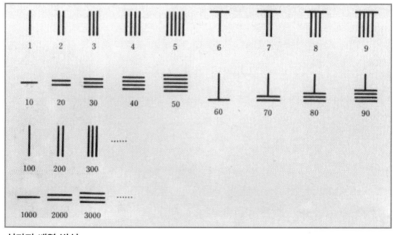

산가지 배열 방식

위의 노래에 나오는 방법대로 숫자를 산가지로 표현하는 방법은 산가지를 가로로 놓거나 세로로 놓는 방법밖에 없다. 일의 자릿수에 세로로 놓기 시작해서 그 다음 자릿수는 가로로, 그 다음은 세로로 바꾸어 주면서 5의 산가지는 가로로 놓아주는 것이다. 가로 세로를 바꾸는 이유는 큰

산가지

수를 표기할 때 만일 세로로만 두었다면, |||를 12인지 3인지 잘 구별하지 못했기 때문일 것이다. 그리고 6부터 5를 다르게 놓는 것은 쓰기 번거롭고 숫자가 한 눈에 들어오지 않기 때문이다.

여기에 0에 대해서는 안 나왔는데, 0은 표기할 때는 동그라미로, 그리고 계산할 때는 그 자리 수를 비워두었다. 그리고 음수도 산가지로 표현했는데, 음수는 마지막 숫자에 빗금을 해두면 돼. 음양의 개념이 탁월했던 동양은 유럽보다 빨리 음수를 썼다. 이를 통해 동양 수학이 서양 수학에 뒤처지지 않았단 걸 알 수 있다.

산가지로는 수를 나타냈을 뿐만 아니라 수학시험장의 소년처럼 사칙연산과 모든 다항식 연산은 물론 방정식 풀이까지 했다. 산가지로 계산하는 학문이라는 뜻의 '주학'은 산학의 또 다

국립민속박물관에 소장된 산통과 산대

른 이름이었다. 산가지 계산은 나중에 주판으로 발전했다.

식을 나타내는 방법, 천원술

앞에서 살펴본 고려는 통일신라의 제도를 그대로 따라 궁정 과학 수준
을 벗어나지 못했다. 하지만 조선시대에 들어오면 상황이 달라진다.
세종이 수학 진흥을 위해 노력했고 그만큼 큰 발전이 있었다. 그래서
세종 이후에는 조선 산학이 중국 수학의 황금기인 송나라, 원나라의
수학을 흡수해 발전시키면서 독자적으로 발전했다.

옛날에도 방정식을 풀 때 지금 우리가 하는 것처럼 x를 사용했을
까? 옛날에는 x 같은 미지수를 몰랐을 것 같다. 하지만 현재 우리가 미
지수를 x로 놓고 문제를 푸는 것처럼, 옛날에도 구하고자 하는 대상을
'천원일天元一'이라고 놓고 풀이했다. 그래서 이러한 풀이 방법을 '천원
술天元術'이라고 불렀다. 원래 천원술은 중국에서 시작되었지만, 중국
에서는 사라지고 조선시대에 더 발전된 형태로 남아 조선 수학 발달에
큰 역할을 했다. 홍정하가 쓴『구일집』에는 473개의 문제가 기록되어
있는데, 그 가운데 무려 166개 문제에서 천원술을 이용했다.

『구일집』에서 볼 수 있듯이 천원술 풀이 맨 앞에 나오는 '입천원일
立天元一'은 이것을 x로 놓는다는 의미, 즉 미지수를 잡는 단계이다. 이
x를 산가지로 표현하면 Ⅰ이다. 산가지를 이용해 나타낸 수는 위에서
아래로 배열하는데, 이 수들은 각 항의 계수이다. 위에서부터 상수항,

1차항, 2차항…… 이런 식으로 내려간다. 그래서 1은 상수항은 0이고 일차항의 계수가 1이니까 x(=x+0)를 뜻한다. 만약 $x^2-17x-110=0$을 천원술로 나타내면 상수항이 −110, 1차항의 계수가 −17, 2차항의 계수가 1이므로, 위에서부터 차례로 산가지를 배열할 수 있다.

산가지 계산에서는 각 항의 계수에 명칭이 부여되는데, 이차방정식의 경우 2차항의 계수는 우법, 1차항의 계수를 종방, 상수항을 실이라고 한다. 계수의 개수가 많아지면 갑, 을, 병, 정…… 십간을 이용해 계수의 명칭을 나타낸다. 그리고 방정식의 해법인 증승개방법은 고등학교 1학년 때 배운 조립제법 풀이와 비슷하다. 상수항이나 각항의 계수를 보고 자릿수를 구하는 법이다. 자, 그럼 방금 예로 든 $x^2-17x-110=0$의 양수근을 옛날 방식으로 구해보자.

백	십	일	
			상(근삿값)
l	ㅗ	○	실(상수항)
	−	ㅠ	종방(x항)
		l	우법(x²항)

$x^2-17x-110=0$을 먼저 천원술 표기방법으로 써보자. 쉽게 알아보기 위해 자릿수까지 구분해서 보자. 음수는 마지막 숫자에 빗금을 쳐서 나타내는데 숫자 0은 부호가 없지? 그래서 110에서는 십의 자릿수에 빗금을 치는 거란다.

백	십	일	
	=		상(근삿값)
l	ㅗ	○	실(상수항)
	|||	종방(x항)
		l	우법(x²항)

이제 20을 실제 근과 가까운 근삿값이라 생각해, 20에 우법의 1을 곱한 20을 종방의 −17에 더해. 이때, 종방은 20+(−17)=3이 된다.

$$
\begin{array}{r}
20) \overline{\,1 \ -17 \ -110} \\
20 \\
\hline
1 \qquad 3
\end{array}
$$

백	십	일	
		=	상(근삿값)
≒		○	실(상수항)
		|||	종방(x항)
				우법(x²항)

또, 종방에 상의 20을 곱한다. $20 \times 3 = 60$을 실의 -110에 더해. $60 + (-110) = -50$

$$20) \ 1 \ -17 \ -110$$

$\quad\quad\quad\quad 20 \quad 60$

$\quad\quad\overline{\ 1 \quad 3 \quad -50}$

➡ $x^2 - 17x - 110$

$= (x-20)(x+3) - 50$

백	십	일	
		=	상(근삿값)
≒		○	실(상수항)
	=	|||	종방(x항)
				우법(x²항)

다시 상의 20과 우법의 1을 곱한 20을 종방에 더하면 종방은 23이 된다.

$$20) \ 1 \ -17 \ -110$$

$\quad\quad\quad\quad 20 \quad 60$

$\quad\quad\overline{\ 1 \quad 3 \quad -50}$

$$20) \quad\quad 20$$

$\quad\quad\overline{\ 1 \quad 23 \quad -50}$

➡ $x^2 - 17x - 110$

$= (x-20)(x+3) - 50$

$= (x-20)\{(x-20)+23\} - 5$

$= (x-20)^2 + 23(x-20) - 5($

백	십	일	
		= ||	상(근삿값)
≒		○	실(상수항)
	=	|||||	종방(x항)
				우법(x²항)

상의 1의 자리에 다시 근삿값 2를 놓아.

이는 $y = x-20$이라 하고 $y^2 + 23y - 50 = 0$에 대한 근삿값 2를 생각하는 것이다.

상의 2와 우법의 1을 곱한 2를 종방에 더하면 $23 + 2 = 25$가 된다.

$$2) \ 1 \quad 23 \quad -50$$

$\quad\quad\quad\quad 2$

$\quad\quad\overline{\ 1 \quad 25}$

➡ $y^2 + 23y - 50 = 0$

백	십	일	
=	‖		상(근사값)
	O		실(상수항)
=	‖‖‖		종방(x항)
	‖		우법(x²항)

종방의 25를 상의 2와 곱하여 실에 더하면,

$25 \times 2 = 50$, $50 + (-50) = 0$이 돼.

상수항이 0이 됐지? 여기까지 해주면 근을 다 구

한 거란다.

$$2)\,\, 1 \quad 23 \quad -50 \quad \Longrightarrow \quad y^2 + 23y - 50 = 0$$

$$\underline{\qquad\quad 2 \qquad\qquad} \qquad = (y-2)(y+25) + 0$$

$$1 \quad 25 \qquad\qquad\quad = (x-20-2)(x-20+25) + 0 = 0$$

첫 번째의 근삿값이 20, 두 번째 근삿값이 2이므로 이 방정식의 해 x는

두 근삿값의 합인 x=20+2=22란다.

자, 어때? 지금 쓰고 있는 조립제법의 풀이와 비슷하지? 옛날에도

이런 풀이법이 존재했다는 사실이 신기하고 놀랍다.

넘치고 부족하고

영부족술은 넘치고盈 부족하다不足는 의미에서 붙여진 이름이다. '영

부족'으로 감춰진 여러 가지가 서로 드러나는 것을 다룬다는 말이다.

즉, 영부족은 남거나 모자라는 것들의 관계로부터 미지수의 값을 구하

는 방법을 가리킨다. 『구장산술』에서 이 부분의 문제를 살펴보자.

대수적으로는 이원일차연립방정식인데, 이 방법은 이중가정법

double false position이라고도 한다. 다음 문제는 5냥과 3냥으로 가정하였

기에 영부족술이라고 부를 수 있다.

[문제] 지금 사람들이 물건을 사려고 하는데, 한 사람이 5냥씩 돈을 내면 6냥이 남고, 한 사람이 3냥씩 돈을 내면 4냥이 모자란다고 한다. 사람 수와 물건 값은 얼마인가?

[답] 사람 수 : 5, 물건 값 : 19냥

원문을 해석한 위의 내용을 현재 사용하는 기호로 풀어 보면 다음과 같다.

한 명당 a_1씩 지출하면 c_1이 남고, a_2씩 지출하면 c_2가 모자란다고 하자. 이 때 $\begin{matrix} a_1 & a_2 \\ c_1 & c_2 \end{matrix}$와 같이 늘어놓고 $\dfrac{a_1 c_2 + a_2 c_1}{c_1 + c_2}$ 을 계산하고 a_1과 a_2의 큰 쪽에서 작은 쪽을 뺀 것을 $a_1 \sim a_2$로 나타내면, $\dfrac{a_1 c_2 + a_2 c_1}{a_1 \sim a_2}$이 물건 값이고, $\dfrac{c_1 + c_2}{a_1 \sim a_2}$이 사람 수가 된다.

따라서 위의 문제에 적용하면 다음과 같다.

$\begin{matrix} 5 & 3 \\ 6 & 4 \end{matrix}$로 늘어놓고, $(5 \times 4) + (3 \times 6) = 38$을 $6 + 4 = 10$으로 나누어 $\dfrac{38}{10}$ 을 얻고,

다시 $5 - 3 = 2$로 38, 10을 각각 나누어 19, 5를 얻게 되는데, 이때 19가 물건 값이고, 5가 사람 수이다.

즉, 사람 수를 구하는 방법은 위에서와 같고,

물건 값은 $\dfrac{c_1 + c_2}{a_1 \sim a_2} \times a_1 - c_1$, 혹은 $\dfrac{c_1 + c_2}{a_1 \sim a_2} \times a_2 + c_2$로 계산함을 나타내고 있다.

이는 사람 수가 정해졌으므로 물건의 값을 주어진 조건을 통해 구한 것이다. 밑의 풀이와의 차이는 어림셈, 즉 a_1, a_2가 추측한 값이고 c_1, c_2가 그것에 따른 오차란 것이다.

지금 학교에서는 선생님이 이 문제를 아래와 같이 풀어 주신다.

> 사람 수를 x라 하고, 물건 값을 y냥이라 하면
> $$\begin{cases} 5x = y + 6 \cdots\cdots ① \\ 3x = y - 4 \cdots\cdots ② \end{cases}$$
> ①식에서 ②식을 빼어 y를 소거하면
> $2x = 10, \ x = 5$
> x의 값을 ①식에 대입하면
> $25 = y + 6, \ y = 19$
> 따라서 사람 수는 5, 물건 값은 19냥이다

　이 방법으로 푸는 것이 우리에게는 익숙하고 쉽겠지만, 문자와 기호가 없었던 시대에는 앞의 전통적인 방법이 더 쉬웠을 것이다. 이 문제의 옛날식 알고리즘을 밝히는 것은 어렵지 않다. 그러나 어떻게 이런 풀이가 문자와 기호 없이도 발생되었는가는 흥미롭고 연구할 가치가 있다.

　『구장산술』의 영부족장 부분은 20개의 문제가 있는데, 처음 8개 문제는 영부족술을 설명하기 위한 문제이고, 나머지 12문제는 응용을 보여준다.

2차, 3차, 그리고 고차방정식까지 개방법
다음 문제는 홍대용의 『주해수용』에 실린 개방법의 전형이다.

[문제] 방영(方營), 즉 정사각형 모양의 군 주둔지의 면적이 71,824라고 한다. 이 방영의 한 변의 길이는 얼마인가?

[답] 268

개방법은 『구장산술』의 네 번째 장인 소광장에 나온다. 개방법은 우리의 산학서에는 반드시 나오는 분야이다. 여기서는 산가지를 사용한 계산 과정을 원리에 맞추어 제시해 보기로 하자.

$\sqrt{71824}$ $=\sqrt{100a+10b+c}$ 가 되는 a, b, c를 구하기 위해

$71824=(100a+10b+c)^2=10000a^2+1000(2ab)+100(b^2+2ac)+10(2bc)+c^2$이 성립함을 이용하자. 여기서

$71824-10000a^2=1000(2ab)+100(b^2+2ac)+10(2bc)+c^2$인 형태로 바꿀 때, a의 값이 3이 되면 식은 성립하지 않는다. a에 2를 대입하면

$71824-40000=31824=(4000+100b)b+400c+10(2bc)+c^2$이 된다. 다시 b에 6을 넣으면

$31824-(4000+600)6=400c+10(12c)+c^2=4224$

즉, $400c+120c+c^2=4224$에서 $520c+c^2=4224$가 된다.

여기서 c에 8을 넣으면

$520c+c^2=c(520+c)=8(520+8)=8(528)=4224$

이것은 $\sqrt{71824}$ =268을 의미하며 기하학적으로 나타낼 수 있다.

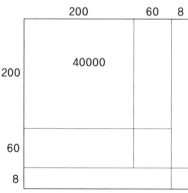

현재 $\sqrt{71824}$ = 268이 되는 제곱근 계산은 보간법으로 풀 수도 있고 계산기를 이용할 수도 있을 것이다. 그러나 이처럼 유추와 추측을 가지고 인수분해 같은 기능적인 면에서 벗어난 자유로운 풀이는 보다 흥미롭다. 조금 수준을 올려 볼까?

[문제] 정육면체로 되어 있는 대(臺)가 있다. 그 체적(부피)이 97,336라고 한다. 대의 한 모서리의 길이는 얼마인가?
〔답〕46

개방의 한 종류인 개입방술도 같은 알고리즘을 갖는다. 제곱과 세제곱근을 구하는 것은 옛 수학에서 원의 넓이나 방정식으로 연결된다. 이 문제를 현대적으로 풀어 보자.

$\sqrt[3]{97336}$ =10a +b 가 되는 a, b를 구하기 위해

$(10a +b)^3$이 성립함을 이용하자. 여기서 $(10a +b)^3$을

$1000(a^3)+3(10a)^2b +3(10a)b^2+b^3$인 형태로 바꾸면

a= 4, b = 6이 되는 과정은 앞의 문제와 같다.

따라서 이것은 $\sqrt[3]{97336}$ = 46을 의미하며 정육면체의 부피로 생각할 수 있다.

$\sqrt[3]{97336}$ = 46이 되는 세제곱근 계산은 현재 다양한 풀이가 있다. 그러나 도형을 가지고 생각해 보는 풀이는 기하적인 구성활동을 통해 창의적인 수학적 아이디어를 기르게 한다.

개방의 한 종류인 증승개방법은 더하고 곱하는 것을 반복해서 다

항방정식의 해를 구하는 방법이다. 즉, 조립제법과 같은 방식의 알고리즘인데 고등학교에서 다항방정식을 풀 때 쓰인다. 이 방법의 특징은 인수분해가 필요 없는 근사해법이기 때문에 고등학교 1학년 수준에서 조립제법과 고차방정식을 연결할 수 있는 좋은 방법이라고 할 수 있다. 다항방정식의 근사해 알고리즘인 우리 조상들의 증승개방법은 인수분해로부터 해방되어서, 직관에 충실한 수학적 힘을 확인하게 하는 훌륭한 방법이다.

1 『구장산술』은 어떤 책일까? 백과사전에서 구장산술을 검색해 보면, 중국의 고대 수학서 중 하나라는 걸 알 수 있다. 저자와 저작연대는 확실하지 않지만 한나라 시대 어느 부인의 무덤에서 죽간에 쓰인 『구장산술』의 내용이 나온 것으로 보아 엄청난 역사를 가진 책이라 할 수 있다. 『구장산술』에 기록되어 있는 내용은 다음과 같이 9장으로 이루어져 있다.

장	제목	내용
제1장	방전(方田)	여러 종류의 도형의 넓이를 구하는 계산, 분수의 계산
제2장	속미(粟米)	비례
제3장	최분(衰分)	비례배분
제4장	소광(少廣)	방전장과는 역으로 넓이에서 변과 지름을 구하는 계산, 제곱근 세제곱근 풀이
제5장	상공(商功)	여러 입체의 부피
제6장	균수(均輸)	분배와 물자 수송의 계산
제7장	영부족(盈不足)	이중가정법
제8장	방정(方程)	일차방정식을 행렬로 표시하고 그것의 계산법 설명(가우스 소거법)
제9장	구고(句股)	직각삼각형에 관한 문제, 피타고라스 정리의 응용문제, 기하적인 이차방정식 취급

『구장산술』은 후대 동양 산학서적의 모델이고, 약 246문제에 달하는 실용 문제는 고대 사회 경제사의 사료로서도 그 가치가 인정된다.

『구장산술』

2 『구장산술』에서는 제곱근을 구하는 방법을 '개방술'이라고 해서 세제곱근을 구하는 방법인 '개입방술'과 함께 4장에서 다루었다. 제4장에서는 실용문제가 24문제 실려 있다고 하는데, 그 중에서 12번째 문제를 같이 고민해 보면서 옛 수학자들은 제곱근 계산을 어떻게 했는지 살펴보자. (국민대 수학과 김태현의 풀이)

[문제] 넓이가 55,225인 정사각형의 한 변의 길이는 얼마일까?

넓이(S)가 55,225인 정사각형이 있다고 하자. 여기서 한 변의 길이 x가 얼마인지 풀려면 단지 $x^2 = 55225$라는 이차방정식의 두 근 중 양수인 근인 $x = \sqrt{55225}$ 라고 말하면 정답이겠지만, 우리가 여기서 궁극적으로 원하는 것은 답만이 아니다. 실제로 대략 얼마쯤 되겠냐는 것이 궁금한데, 그것을 계산기를 이용하지 않고 손으로 어떻게 계산하겠냐는 것이었다.

제일 먼저 생각해야 할 것은 무엇일까? $x^2 = 55225$, 즉, 제곱수가 다섯 자리, 또는 10000의 자리이면 원래 수 x는 몇 자리 수일까? 만약 x가 1의 자릿수이면 그의 제곱수는 1의 자리 또는 10의 자리이다. x가 10의 자릿수이면 제곱수는 100의 자리 또는 1000의 자리다. x가 100의 자릿수이면 제곱수는 10000의 자리 또는 100000자리 숫자이다. 그러면 그 다음부터는 어떤 규칙으로 진행되는지 바로 눈에 들어오지? x가 10^n자릿수일 때(이때 n은 음이 아닌 정수) 그의 제곱수는 10^{2n}자릿수이거나 10^{2n+1}자릿수가 된다. 그리고 이것의 역도 성립함을 쉽게 알 수 있다. 아무튼 55225라는 수는 만의 자리, 즉 10^4자릿수이니까 원래 수 x는 몇 자리 수였을까? 10^2자리,

즉 100 자리 수였다는 것을 알 수 있다.

그렇다면 우리는 이제 $x=100a+10b+c$ 꼴로 놓을 수 있게 돼. 여기서 a, b, c는 모두 0부터 9까지의 정수 중 하나이다. 만약 이게 무슨 뜻인지 잘 모르겠다면, 792라는 숫자를 예로 들어보자. 792는 $792=700+90+2$와 같이 세 개의 수로 나누어서 쓸 수 있지? 여기서 모양을 조금만 다르게 해 본다면 $792=(7\times100)+(9\times10)+(2\times1)$라고 쓸 수 있다.

이제 $x=100a+10b+c$가 무슨 뜻인지 알겠지? 진법에 대해서 잠깐 떠올려 보자. 우리가 많이 쓰는 십진법에서 x라는 숫자가 $x=100a+10b+c=(abc)_{10}$로 표현된다는 의미이다.

이제 x에 대한 형태를 구체적으로 표현해 보았으니, 문제에서 얻은 이차방정식 $x^2=55225$에 $x=100a+10b+c$를 한번 대입해 보자. 그러면 $(100a+10b+c)^2=55225$가 된다. 우리는 이 식으로부터 a, b, c를 하나하나 구해 나갈 것이다.

$(100a+10b+c)^2=55225$라는 식에서 먼저 a를 추측해 보자. a가 0이면 어때? 그렇게 설정하는 순간 x가 10의 자릿수가 됨을 알 수 있다. 그러면 우리가 x를 백의 자리라고 세운 것에 모순이 되어 버린다. 따라서 a는 0이 될 수 없다. 만약 a가 1이라면 저 식이 말이 될까? a가 1이라는 이야기는 x의 백의 자릿수가 1이라는 뜻인데, 그러한 x를 제곱하면 제일 작을 때가 10000이고, 제일 크더라도 40000 미만이기 때문에 a는 절대로 1이 될 수 없다는 것을 알 수 있다. 만약에 a가 2라면 어떨까? 그렇다면 x^2은 40000 이상 90000 미만이 되겠다는 걸 알 수 있다. 55225는 이 범위 내에 존재하

는 숫자이기 때문에, a가 2라는 말은 타당한 말이 된다. 그래도 조금 의심스러울 수 있으니까 a가 3일 때까지만 한번만 더 해 보자. 그렇다면 x^2은 90000 이상 160000 미만이 되니까 점점 범위가 55225와 멀어지고 있음을 알 수 있다. 그러니까 a는 절대적으로 2이고, 3 이상이라는 말은 터무니 없는 말이 된다.

자, a는 생각보다 쉽게 구했다. 이제 b가 무엇일지 초점을 맞춰 보자.

$(100a+10b+c)^2=55225$라는 식에서 a가 2로 결정되었으니, $(200+10b+c)^2=55225$라고 쓸 수 있단 말이다. 음, 우리가 a를 구할 때 a가 좌변에서 가장 왼쪽 끝에 있어서 다소 쉽게 a의 값을 도출해 낼 수 있었던 것 같아. 그런데 지금은 b앞에 200이라는 커다란 숫자가 떡 하니 버티고 있어서 약간 더 막막하지? 그래서 저 200을 없애 보고 싶다. 그러려면 어떻게 해야 할까? 양변에서 200의 제곱을 빼 보자. 그러면 $(200+10b+c)^2-200^2$ $=55225-200^2$이 되고, 이를 더 정리하면 다음과 같이 됨을 알 수 있다.

$$(200+10b+c)^2-200^2=55225-200^2$$
$$\Rightarrow \{(200+10b+c)+200\}\{(200+10b+c)-200\}=55225-40000=15225$$
$$\Rightarrow (400+10b+c)(10b+c)=15225$$

조금 더 계산을 편하게 하기 위해서, 위의 식에서 양변을 100으로 나누자.

$$(400+10b+c)(10b+c)=15225$$
$$\Rightarrow \frac{(400+10b+c)(10b+c)}{10\times10}=(40+b+\frac{c}{10})(b+\frac{c}{10})=152.25$$

위 식의 좌변을 보면 $(40+b+\frac{c}{10})$ 그리고 $(b+\frac{c}{10})$ 이렇게 두 수가 곱해져 있어. 그런데 여기서 다시 십진법을 떠올려 보면, 각각의 수는 $(4b.c)_{10}$, 그리고 $(b.c)_{10}$임을 알 수 있다. 이것을 이용하여 다시 식을 표현해 보자.

$$(40+b+\frac{c}{10})(b+\frac{c}{10})=152.25$$

$$\Rightarrow (4b.c)_{10}(b.c)_{10}=152.25$$

$$\Rightarrow \quad \begin{array}{r} (4b.c)_{10} \\ \times\ (b.c)_{10} \\ \hline 152.25 \end{array}$$

위의 식에서 우리는 b를 결정할 수 있다. 만약 b가 0이라면 어떻게 될까? 1이라면? 2라면? 3이라면? b에 0부터 넣어 보면서 추측해 보자.

$$(40.c)_{10}(0.c)_{10}=152.25?$$

$$(41.c)_{10}(1.c)_{10}=152.25?$$

$$(42.c)_{10}(2.c)_{10}=152.25?$$

$$(43.c)_{10}(3.c)_{10}=152.25?$$

$$(44.c)_{10}(4.c)_{10}=152.25?$$

$$......$$

$$(48.c)_{10}(8.c)_{10}=152.25?$$

$$(49.c)_{10}(9.c)_{10}=152.25?$$

위에서 말이 되는 식이 어떤 식일까? 물론 우리가 앞에서 $(100a+10b+c)^2=55225$라는 식에서 a의 값, 즉 백의 자리의 수를 결정할 때 b와 c가 영향을 끼치지 않았듯이 위에서도 마찬가지다. c의 값이 b의 값을 결정하는 데에 영향을 끼치지 않기 때문에, b를 구하는 동안만은 편의상 c를 0으로 설정해 보자. 그러면 위 식의 좌변은 다음과 같다.

		(c=0일 때 왼쪽 식의 좌변)
$(40.c)_{10}(0.c)_{10}=152.25?$	$\Rightarrow$	$40 \times 0 = 0$
$(41.c)_{10}(1.c)_{10}=152.25?$	$\Rightarrow$	$41 \times 1 = 41$
$(42.c)_{10}(2.c)_{10}=152.25?$	$\Rightarrow$	$42 \times 2 = 84$
$(43.c)_{10}(3.c)_{10}=152.25?$	$\Rightarrow$	$43 \times 3 = 129$
$(44.c)_{10}(4.c)_{10}=152.25?$	$\Rightarrow$	$44 \times 4 = 176$
......		......
$(48.c)_{10}(8.c)_{10}=152.25?$	$\Rightarrow$	$48 \times 8 = 384$
$(49.c)_{10}(9.c)_{10}=152.25?$	$\Rightarrow$	$49 \times 9 = 441$

위와 같이 계산을 해 보면, c를 적당히 조정하였을 때 152.25라는 수는 $43 \times 3 = 129$와 $44 \times 4 = 176$ 사이에 있음을 알 수 있다. 따라서 b가 3이 되어야 함을 알 수 있다.

b를 알아내는 과정이 꽤 길었지? 처음에 a를 알아내는 것이 금방 해결되고, b부터는 다소 복잡해. c도 b와 유사하게 구할 수 있다. b를 구했던 방법대로 따라가 보자. $(400+10b+c)(10b+c)=15225$라는 식을 떠올려 보자. 일단 b가 3으로 결정되었으니 이 식에 $b=3$을 대입하면 $(400+30+c)$

$(30+c)=(430+c)(30+c)=15225$가 된다. 사실 이 식을 정신 차리고 보면 c에 대한 이차방정식이니까 c에 대해서 바로 근의 공식을 적용해서 두 개의 c를 구하고, 그 중에서 조건에 맞는 c를 구하면 되겠지만, 여기에서는 계속하던 방법대로 생각해 나가자. $(430+c)(30+c)=15225$의 양변에서 430×30을 빼 보면 다음과 같다.

$$(430+c)(30+c)=15225$$
$$\Rightarrow (430+c)(30+c)-430 \times 30=(460+c) \times c=15225-430 \times 30$$
$$\Rightarrow (460+c) \times c=15225-12900=2325$$

위 마지막 식에서 좌변에 있는 $(460+c)$를 b를 구할 때와 마찬가지로 십진법으로 본다면 $(46c)_{10}$이 된다. 그리고 위 식을 다시 관찰한다면 다음과 같다.

$$(460+c) \times c=2325$$
$$\Rightarrow (46c)_{10} \times c=2325$$
$$\Rightarrow \begin{array}{r} (46c)_{10} \\ \times \quad c \\ \hline 2325 \end{array}$$

그러면 위 식에서, b를 구할 때와 마찬가지로 c의 값을 0부터 9까지 조정해 보면서 알맞은 수가 무엇인지 생각해 보자. 위 식에서는 어렵지 않게 c가 5임을 알 수 있다.

그러면 다 된 것 아닌가? a, b, c를 전부 구했으니 말이다. 꽤 긴 과정을 거쳐서 구하기는 했지만, 우리가 궁극적으로 뭘 구하려고 했는지 다시 상기해 보자. 이 문제에서, 넓이가 55225인 정사각형의 한 변의 길이를 구하라고 했다. 그래서 우리는 그 정사각형의 한 변의 길이를 x라고 설정했고, $x^2 = 55225$라는 x에 대한 이차방정식을 세웠다. 그런데 x의 제곱수가 만의 자리 수이기 때문에 x는 백의 자리 수라는 것을 알았고 $x = 100a + 10b + c$의 꼴로 생각할 수 있었다. 그 후로 긴 과정을 거쳐서 a, b, c가 각각 2, 3, 5임을 알았다. 따라서 $x = 200 + 30 + 5 = 235$임을 구한 것이다. 이 x값을 원래의 이차방정식 $x^2 = 55225$에 넣어서 검산해 보면 $x^2 = 225^2 = 55225$가 되는 것을 쉽게 확인해 볼 수 있다. 어때? 계산기나 스마트폰, 또는 컴퓨터 같은 기계의 도움이 전혀 없이도 $x^2 = 55225$의 양의 제곱근을 구할 수 있었다. 추가로, 이 방정식의 음의 제곱근은 당연히 −235임을 쉽게 알 수 있다. 하지만 이 문제에서는 x라는 것이 길이를 나타내는 문자이므로 양수인 235를 택해야 한다.

위에서 우리는 열심히 제곱근을 손으로 계산해 보았는데, 항상 이렇게 해야 하냐는 질문을 할 수 있다. 제곱근을 손으로 계산해 본다는 취지는 좋으나, 솔직히 말하면, 위의 방법으로 항상 계산하기에는 조금은 무리다. 우리가 이차방정식의 근의 공식을 기본적으로 암기하고 있는 이유가 무엇일까? 주어진 이차방정식의 항들을 적당히 이항하고 계수를 조정하여 완전제곱 형태로 바꾸면 두 개의 근을 구할 수 있다는 사실을 알고는 있지만, 항상 그렇게 해서 구하기는 힘들기 때문이다. 또 다른 예를 들어 볼까? 7392와 568을 곱하라는 문제가 있다면, 보통 아래와 같이 푼다.

$$
\begin{array}{r}
7392 \\
\times\ 568 \\
\hline
59136 \\
44352 \\
36960 \\
\hline
4198656
\end{array}
$$

원래 7392×568은 어떤 의미일까? 7392를 568번 더하라는 의미로 생각할 수 있다. 하지만 이 작업을 568번이나 하기에는 굉장히 시간이 오래 걸리고 힘들기 때문에 곱셈이라는 연산을 이용하여 시간을 훨씬 단축시킬 수 있다. 그렇다면 혹시 우리가 앞에서 제곱근을 구했던 그 과정도 위와 같은 곱셈처럼 몇 번만 종이에 써서 쉽게 구할 수는 없을까?

다행히, 할 수 있다. 자, 이제 $x^2 = 55225$를 위의 곱셈과 유사한 방식으로 표현해 보자. 이것은, 결과물만 보여 주어도 조금만 생각해 보면 바로 왜 가능한지 알 수 있을 것이다. 앞에서 a, b, c를 구하는 과정을 열심히 따라 왔다면 아래에서 일어나고 있는 계산이 어떻게 진행되는지 보일 것이다. 이것도 앞의 그림과 연결되어 쉽게 설명된다.

$$
\begin{array}{l}
(2) \\
+\ 2 \\
\hline
4\ (3) \\
+\ \ 3 \\
\hline
4\ 6\ (5) \\
5
\end{array}
\qquad
\begin{array}{l}
\Rightarrow\ 2 \times 2 = 4 \\[10pt]
\Rightarrow\ 43 \times 3 = 129 \\[10pt]
\Rightarrow\ 465 \times 5 = 2325
\end{array}
$$

$$
\begin{array}{r}
\phantom{\sqrt{(5)}}2\ \ \ 3\ \ \ 5 \\
\sqrt{(5)\ (52)\ (25)} = 235 \\
\hline
4\ \ \ 00\ \ 00 \\
1\ \ \ 52\ \ 25 \\
1\ \ \ 29\ \ 00 \\
\hline
23\ \ 25 \\
23\ \ 25 \\
\hline
0 \\
\end{array}
$$

4

지금 대학교 입시에
옛 수학 문제가 나올 수 있을까?

−옛 수학 문제를 즐기는 방법

> **만**약 네가 지금 보고 있는 수학책에 옛날 조선시대 조상들이 풀었던 문제가 나온다면 말도 안 된다고 생각할까? 또 어려운 대학입시 수학능력시험 2교시 수리영역에 조선시대에 나왔던 문제가 나왔다면? 생각만 해도 이상한 기분이 들 거야. 그럼 이번에는 이 질문에 대한 답을 알아보자. 수학은 시대를 초월한 언어인데, 당시의 수학 문제를 한 문제씩 풀면서 우리 조상들과 치열한 두뇌 싸움을 해보는 건 어떨까?

언제나 필요한 수학

아주 오래 전부터 사람들은 밥을 먹고 변을 보고 싸움을 했다. 이것은 지금도 마찬가지이다. 밥을 먹고 화장실을 가고 전쟁을 하고, 이런 생활 밑바탕에 수학이 깔려 있다. 예를 들어 전쟁을 대비해 성을 쌓는다고 하자. 그 성을 쌓으려면 아무렇게나 대충 쌓는 것이 아니라 계산을 해서 튼튼하게, 적이 절대 넘어올 수 없게 만들어야 한다. 조선시대 영·정조시대의 실학자 홍대용은 저서 『임하경륜』에서 성을 축조하는 방법을 다음과 같이 설명했다.

성을 축조하는 방법은 성 위에 쌓는 담의 높이를 한길로 하여 사람들이 허리를 펴고 통행하여도 화살이나 돌에 맞을 걱정이 없도록 한다.

이는 담의 높이를 측량하는 데도 정교한 수학적 계산이 필요했다는 사실을 말해준다. 신라시대 토지 문서나 『삼국유사』, 『삼국사기』를 보더라도, 나라의 세금이나 인구 수, 궁궐이나 건축물 축조부터 전쟁에 필요한 물품의 수효를 세는 데 이르기까지 수학적 지식이 쓰였다. 특히 신라 석불사나 불국사 같은 문화재에서는 황금비나 대칭 같은 고도의 수학적 개념을 발견할 수 있다. 이처럼 수학은 오래 전부터 여러 분야의 밑받침이 되고 있었다. 옛날의 수학 문제가 지금도 쓰일 수 있는 이유가 여기에 있다. 그렇다면 지금부터 여러 종류의 수학 문제를 구경해 보자.

수학경시대회 문제

다음은 우리나라 한 대학에서 낸 수학경시대회 시험 문제다. 이 두 문제는 사실 홍대용의 수학책 『주해수용』에서 따온 것인데, 한번 살펴보기로 하자.

[문제 1] 옛날부터 우리 조상들이 보았던 수학책에 다음과 같은 문제가 실려 있다. 정답은?

지금 역참 수송을 하는데, 빈 수레는 1일에 70리를 가고 짐 실은 수레는 하루에 50리를 간다. 태창에 있는 조를 실어서 상림으로 나르는데 5일에 3번 왕복할 수 있었다. 태창과 상림 사이의 거리는 얼마인가?

① $45\frac{11}{18}$ 리 ② $46\frac{11}{18}$ 리 ③ $47\frac{11}{18}$ 리 ④ $48\frac{11}{18}$ 리 ⑤ $49\frac{11}{18}$ 리

[풀이]

태창과 상림 사이의 거리를 x라 하면 두 곳을 왕복하는 데 걸리는 시간은

$$\frac{x}{70} + \frac{x}{50} = \frac{120}{3500} \quad x = \frac{5}{3} \text{ (일)}$$

$$\therefore x = \frac{5 \times 3500}{3 \times 120} = \frac{875}{18} = 48\frac{11}{18} \text{ (리)}$$

[문제2] 다음은 정조를 가르치던 수학자 홍대용이 낸 문제이다. 이 문제의 답은?

후종(候鍾)에는 일륜(日輪)과 월륜(月輪)이라는 두 종류의 톱니바퀴가 있다. 일륜의 톱니는 57개가 있고, 월륜의 톱니는 59개이다.
하루의 차이는 톱니 두 개로 난다고 하면, 며칠이면 같은 톱니가 만나게 되는가?
※후종(候鍾)이란 1760년대에 홍대용의 부탁을 받고 화순(和順)의 나경적(羅景績)이 만든 것으로 서양식 자명종 시계를 의미한다.

① 29일 ② 29일 반 ③ 30일 ④ 30일 반 ⑤ 40일

하루의 차이를 톱니 2개 차이 난다고 한다면, 이는 n일 후에는 2n개(n은 1 이상의 자연수)의 차이로 월륜과 일륜의 처음 지점에서 떨어지게 된다. 그렇게 된다면 29일이 지났을 때 톱니의 차이는 총 58개 즉, 일륜과 월륜의 톱니 차이는 1개가 된다. 다시 한 개의 차이를 하루 중 반을 빌려 돌린다면 1개의 차이는 없어지게 되고 다시 처음 만났던 지점으로 돌아가게 된다. 좀더 쉽게 표를 통해 풀어 보도록 하자.

각각의 톱니바퀴의 톱니마다 번호를 붙인다고 할 때, 처음 만난 톱니바퀴의 번호는 1번이 된다. 하루가 지날 때마다 만나는 톱니바퀴의 번호를 표로 나타내 보면 다음과 같다.

시간의 경과	1일	2일	3일	...	27일	28일	29일	29일 반
일륜	1	1	1	...	1	1	1	1
월륜	58	56	54	...	6	4	2	

이처럼 조선시대의 문제도 당당히 현재에 되살릴 수 있다. 이 문제는 변별력이 높고 문제 매력도도 높은 좋은 문제다.

대학수학능력시험 수리영역문제

2008학년도 대입수학능력시험을 앞두고 실시된 6월 한국교육과정평가원 수리영역 모의고사 4점짜리 문제에서 홍길주의 제곱근의 계산을 이용한 알고리즘이 출제되었다. 조선시대의 알고리즘을 오늘에 되살려 그 생각을 엿볼 수 있는 것도 매우 흥미롭다. 옛날 문제를 현재에 그대로 출제하는 것이 아닌 그 시대의 특별한 수학적 방법을 충분히 되살릴 수 있다. 말하자면 시공을 초월한 문제라고 할 수 있다. 조상의 훌륭한 두뇌를 빌려서 현대수학을 접목시킨 이 문제를 살펴보도록 하자.

[문제] 다음은 19세기 초 조선의 유학자 홍길주가 소개한 제곱근을 구하는 계산법의 일부를 재구성한 것이다.

> 1보다 큰 자연수 p에서 1을 뺀 수를 p_1+ p_2이라 한다.
> p_1이 2보다 크면 p_1에서 2를 뺀 수를 p_2라 한다.
> p_2가 3보다 크면 p_2에서 3을 뺀 수를 p_3이라 한다.
>
> $$\vdots$$
>
> p_{k-1}이 k 보다 크면 p_{k-1}에서 k 를 뺀 수를 p_k라 한다.
> 이와 같은 과정을 계속하여 n번째 얻은 수 p_n이 (n+1)보다 작으면 이 과정을 멈춘다.
> 이때, $2p_n$이 (n +1)과 같으면 p 는 (가) 이다.

(가)에 들어갈 식으로 알맞은 것은?

① n+1 ② $\dfrac{(n+1)^2}{2}$ ③ $\left\{\dfrac{n(n+1)}{2}\right\}^2$ ④ 2^{n+1} ⑤ (n+1)!

제곱근에 대해서 홍길주는 독특한 해법을 제시하고 있다. 제곱근을 구하는 것은 다들 알고 있을 것이다. 여기서 주의할 점은 전통 수학에서는 음수를 고려하지 않았다는 점이다. 우리는 제곱근을 구하는 방법을 배웠지만, 수가 커지면 커질수록 계산하기 힘들다. 이 시대에도 제곱근을 구하는 방법이 있었는데, 그게 바로 '산대'였다. 하지만 산대로 하는 계산은 더 이상 쓰이지 않는다. 이와 달리 홍길주는 훨씬 쉬운 방법을 고안했다. 이 방법은 어린아이라도 쉽게 할 수 있는 방법이라고 할 정도였다. 반으로 나누기, 두 배 하기, 빼기만 하면 되는 방법이다. 예를 들어 529의 제곱근을 구하는 문제 풀이를 살펴보자.

먼저, 529를 반으로 나눈다 ⇒ $\dfrac{529}{2}$ = 264.5

1을 뺀다 ⇒ 264.5−1 = 263.5

2를 뺀다 ⇒ 263.5−2 = 261.5

3을 뺀다 ⇒ 261.5−3 = 258.5

$$\vdots$$

20을 뺀다 ⇒ 74.5−20 = 54.5

21을 뺀다 ⇒ 54.5−21 = 33.5

22를 뺀다 ⇒ 33.5−22 = 11.5

이제, 23을 빼야하는데 더 이상 뺄 수가 없다.

그러면 11.5를 두 배 해 본다 ⇒ 11.5×2 = 23

바로 이 수가 빼려던 수와 같으므로 답은 23이다.

하지만 위의 방법은 뺄셈이 많아 지루할 수 있을 것이다. 이 문제는 바로 자연수의 합을 구하는 공식 $\dfrac{k(k+1)}{2}$ 으로 해결할 수 있다. 이 공식은 당시에도 잘 알려져 있는 공식이었다. 따라서 220.5보다는 작지만 그 중 가장 큰 자연수의 합을 구하면 이 제곱근을 바로 구할 수 있었다.

앞에서 본 홍길주의 제곱근 구하는 방법은 이유를 설명하지 않은 채 명령만 내리는 친절하지 않은 선생님 같지 않을까? 하지만 숨어 있는 진실은 그렇지 않다. 이 공식은 매우 논리적이다. 지금 우리가 학교에서 배우는 수학을 가지고 그 논리를 다음과 같이 설명해보자.

우리가 앞에서 주어진 수의 반을 1, 2, 3, ······ k 까지 차례대로 뺐었지?

그럼 주어진 수의 반을 p라고 하자.

이제, $p-1 = p_1$이라고 하자.

또한, $p_1-2 = p_2$ 라고 하자.

$$\vdots$$

p_{k-1}이 k 보다 크면, $p_{k-1}-k = p_k$라 하자.

이 과정이 반복되다 보면 더 이상 뺄 수 없는 순간이 나오지?

그 수를 p_n 이라고 하면 p_n은 $n+1$보다 작겠지?

이 때, $2 \times p_n$이 $n+1$과 같으면 주어진 수의 제곱근은 $n+1$이었다.

확인해 볼까?

먼저 p_{n-1}과 p_n의 관계를 살펴보자.

$p_{n-1}-n = p_n$ 즉, $p_n-p_{n-1} = -n$ 이다.

이건 우리가 고등학교 수학시간에 수열 단원에서 배운 점화식과 관계가 있지?

$$\text{따라서 } P_n = p_1 + \sum_{k=1}^{n-1} \{-(k+1)\}$$

$$= (p-1) + \sum_{k=1}^{n-1} -(k+1)$$

$$= p + \sum_{k=0}^{n-1} \{-(k+1)\}$$

$$= p + \sum_{k=1}^{n} (-k)$$

$$= p - \frac{n(n+1)}{2}$$

그러므로 $n+1 = 2P_n = 2P-n(n+1)$

즉, $2P = (n+1)+n(n+)1 = (n+1)^2$이다.

그렇다면, 이 알고리즘을 이용해서 앞의 문제를 확인해 볼까?

주어진 수가 529이므로 P=264.5이다.

P−1 = 263.5 = p_1이 되고

p_1−2 = 261.5 = p_2가 된다.

$$\vdots$$

p_{21}−22 = 11.5 = P_{22}

이 문제에서 n = 22 가 된다.

그렇다면 $P_{22} = p_1 + \sum\limits_{k=1}^{21} -(k+1)$

$$= (p-1) + \sum\limits_{k=1}^{21} \{-(k+1)\}$$

$$= p + \sum\limits_{k=0}^{21} \{-(k+1)\}$$

$$= p + \sum\limits_{k=1}^{22} (-k)$$

$$= p - \frac{22(22+1)}{2}$$

따라서 11.5 = 264.5−253이라는 항등식이 나오는 걸 알 수 있다.

그러므로 23 = 2(11.5) = 529−22(22+1)

즉, 529 = (22+1)+22(22+1) = $(22+1)^2$이다.

대학교 수시모집 수리논술 문제

다음에 보는 수리논술 문제는 옛날 수학을 이용한 좋은 본보기라고 이
야기 할 수 있다. 수리논술은 수학을 바탕으로 논리적으로 자기의 생각

을 펼치는 글이다. 이 문제를 통하여 우리는 얼마든지 전통 산학이 논리적인 사고를 유도할 수 있다는 사실을 알게 된다. 문제를 음미해 보자.

다음 제시문을 읽고 문제에 답하시오. [문제 1~2]

동아시아의 전통 수학인 산학에는 여러 가지 모양의 밭의 넓이를 구하는 문제가 있다. 이는 그에 대응하는 평면도형의 넓이를 구하는 문제와 같으며, 그 해법에서 평면도형의 넓이 공식을 확인할 수 있다.

산학에서는 경계의 일부 또는 전부가 곡선인 평면도형의 넓이는 근삿값을 얻을 수 있는 공식을 이용했다. 예를 들면, 오른쪽 그림과 같이 현의 길이가 a 이고 현의 중점과 호의 중심을 연결한 선분인 시의 길이가 b 인 활꼴 모양의 밭의 넓이 s 를 다음과 같은 공식으로 구했다.

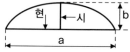

$$S = \frac{ab + b^2}{2} \quad \cdots\cdots ①$$

[문제 1]
공식 ①로 넓이의 참값을 구할 수 있는 다각형의 예를 들어라. 그 다각형을 주어진 활꼴과 겹쳐 그려서, 두 도형의 넓이가 비슷함을 설명하시오.

[문제 2]
원 $x^2 + (y+3)^2 = 25$와 x축으로 둘러싸인 작은 부분의 활꼴의 넓이를 공식 ①과 정적분을 이용해서 구하는 과정을 각각 설명하시오.
(단, $\sin 0.925 = 0.8$, $\cos 0.925 = 0.6$)

우선 [문제 1]은 초등학교와 중등학교에서 배운 도형에 대한 지식을 활용하여, 동아시아의 전통 수학인 산학에서 활꼴의 넓이를 구하는 데 이용했던 근사 공식을 분석하고 그와 같은 공식을 이용하게 된 이유를 설명할 수 있는지 알아보려는 문제이다. 도형에 대한 지식의 활용과 공간 지각력을 평가하려 하였다.

[문제 2]는 좌표평면에서 방정식으로 주어진 원과 직선으로 둘러싸인 활꼴의 넓이를 산학의 근사 공식 및 정적분으로 각각 구할 수 있는지 알아보려는 문제이다. 방정식으로 주어진 도형을 정확하게 파악하고, 근사 공식을 적용할 수 있는 능력을 평가한다. 특히, 활꼴의 넓이를 구하기 위해, 정적분을 제대로 적용하고 그 계산 과정에서 필요한 치환적분법 등을 적절하게 활용할 수 있는지 평가하려 하였다.

[문제 1]을 해결하기 위해 두 밑변의 길이가 a와 b이고 높이가 b인 사다리꼴을 주어진 활꼴과 겹쳐 그린 아래 그림에서 두 도형의 넓이가 비슷함을 확인하고, 아래 그림을 이용할 수도 있을 것이다.

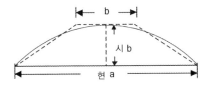

그리고 [문제 2]는 좌표평면에서 원 $x^2+(y+3)^2=25$의 중심은 $(0, -3)$이고 반지름의 길이는 5이며, 축을 두 점 $(-4, 0)$과 $(4, 0)$에서 지나므로 구하는 활꼴의 현의 길이와 시의 길이를 구해서 넓이를 구할 수 있다. 다음으로 이 활꼴의 넓이를 정적분으로 구하는 식을 구한다.

즉, x=5cosθ로 치환하면 $\dfrac{dx}{d\theta}$ =5cosθ이고, x=0일 때 θ=0이며 x=4일 때 θ=0.925이므로, 위의 정적분의 값을 구할 수 있다.

예시 답안

[문제 1]

두 밑변의 길이가 a와 b이고 높이가 b인 사다리꼴의 넓이는 S = $\dfrac{ab+b^2}{2}$ 이다. 이런 사다리꼴을 주어진 활꼴과 겹쳐 그린 그림에서 두 도형의 넓이가 비슷함을 확인할 수 있다. 또는 밑변의 길이가 a+b이고 높이가 b인 이등변삼각형의 넓이도 S = $\dfrac{ab+b^2}{2}$ 이다. 이런 이등변삼각형과 주어진 활꼴을 겹쳐 그린 오른쪽 그림에서 두 도형의 넓이가 비슷함을 확인할 수 있다.

[문제 2]

좌표평면에서 원 $x^2+(y+3)^2=25$의 중심은 (0, −3)이고 반지름의 길이는 5이며, x축을 두 점 (−4, 0)과 (4, 0)에서 지난다. 그러므로 구하는 활꼴의 현의 길이는 8이고 시의 길이가 2이다. 따라서 공식 ①에 따른 넓이는 $\dfrac{16+2^2}{2}$ =10이다.

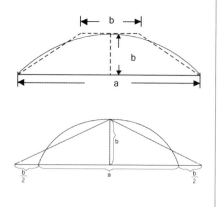

또 이 활꼴의 넓이를 정적분으로
구하는 식은 다음과 같다.

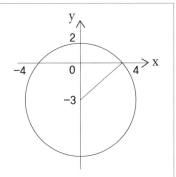

$2 \int_0^4 (\sqrt{5^2-x^2} -3) \,dx$ 또는

$2 \int_0^4 \sqrt{5^2-x^2} \,dx - 2 \int_0^4 3 \,dx$

$x=5\sin\theta$로 치환하면 $\dfrac{dx}{d\theta}=5\cos$
θ이고, $x=0$일 때 $\theta=0$ 이며 $x=4$일 때 $\theta=0.925$이므로, 위의 정적분
의 값은 다음과 같이 구할 수 있다.

$2 \int_0^4 \sqrt{5^2-x^2} \,dx - 2\int_0^4 3\,dx = 2\int_0^{0.925}\sqrt{5^2-x^2\sin^2\theta}\ 5\cos\theta\,d\theta -2\,[3x]_0^4$

$\qquad\qquad = 2\int_0^{0.925} 5^2\cos^2\theta\,d\theta -24$

$\qquad\qquad = 5^2 \int_0^{0.925} (1+\cos2\theta)\,d\theta -24$

$\qquad\qquad = 5^2\left[\theta+\dfrac{\sin2\theta}{2}\right]_0^{0.925} -24$

$\qquad\qquad = 5^2\left[\theta+\sin\theta\ \cos\theta\right]_0^{0.925} -24$

$\qquad\qquad = 5^2(0.925+0.8\cdot0.6)-24$

$\qquad\qquad = 25\cdot1.405-24 = 35.125-24 = 11.125$

우리 조상들이 사다리꼴의 넓이를 구하는 공식과 곡선으로 둘러싸
인 넓이를 연결해 이런 공식을 만들어 사용한 것은 재미있다. 물론 약
간의 오차는 있지만, 토지 측량에서 큰 문제는 없었을 것이다.

1 다음 문제는 중학교 수학 '도형의 닮음' 내용을 담고 있다. 이런 종류의 문제는 중학교 교과서에 실어도 되지 않을까?

조선 시대의 실학자이면서 수학자인 홍대용의 『담헌서』에 나오는 다음 문제의 답은?

『지름이 4척인 우물이 있다. 키가 5척 4촌인 사람이 우물로부터 뒤로 물러나면서 우물 속에 있는 물을 바라보았는데 6촌을 물러나자 더 이상 물이 보이지 않았다. 지표면에서 물이 있는 곳까지의 깊이는 몇 촌인가?

(단, 1척은 10촌이고 우물의 높이는 지표면과 같으며, 사람 눈의 높이는 키와 같다고 가정한다)』

① 360촌   ② 380촌   ③ 400촌   ④ 420촌   ⑤ 440촌

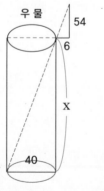

우 물

54

6

x

40

(풀이)

$6 : 54 = 40 : x$

$6x = 2160$

$x = 360$

2 아래 문제는 중국의 두 도시 북경과 항주를 예로 드는데, 아마도 중국 산학서의 내용을 그대로 옮긴 것 같다. 지금은 중국에서 만든 고속열차로 하루에 다녀올 수 있다고 한다.

다음은 조선 정조시대 홍대용이 지은 수학책에 나오는 문제이다. 이 문제에서 요구하는 답은?

> 북경과 항주 사이의 거리는 4275리다. 북경에서 말로 남행해서 하루에 120리를 여행하고, 배로 항주를 출발해서 북행하여 하루에 70리를 여행하여 어떤 선착장에 말과 배가 동시에 도착하였다면 배와 말이 만날 때까지 걸린 기간은 며칠인가? (단, 선착장은 북경에서 항주로 가는 길에 있다.)

① 22.5일   ② 23일   ③ 23.5일   ④ 24일   ⑤ 24.5일

(풀이)
4275 ÷ 190=22.5(일)

1 다음 "조선시대에 나눗셈과 뺄셈만으로 제곱근 풀었다"라는 제목의
《동아일보》기사를 읽어 보자.

> 서울대 전용훈 연구원 '홍길주 풀이방법' 소개
>
> 수학에서 같은 수를 두 번 곱해 A가 되는 수를 'A의 제곱근'이라고
> 한다. 예를 들어 4의 제곱근은 2와 −2, 9의 제곱근은 3과 −3이다. 제
> 곱근은 땅의 넓이나 그릇의 부피에서 한 변의 길이를 측정하는 데 활용
> 된다. 지금까지 조선시대의 제곱근 계산 방법은 중국에서 영향을 받은
> 것으로 알려져 왔다. 얼마 전 19세기 우리 조상들이 독자적인 방법으로
> 제곱근을 계산했다는 연구결과가 나왔다.
>
> 서울대 과학문화연구센터 전용훈 연구원은 19세기 초 유학자 홍길
> 주(洪吉周·1786~1841)가 나눗셈과 뺄셈만으로 제곱근을 구했다는 사실
> 을 옛 문헌 조사 결과 확인했다고 밝혔다. 이 연구결과는 과학사 분야
> 의 권위지 《사이언스 인 콘텍스트》 2월호에 소개됐다.

○ 중국의 셈법과 다른 독자적 방식

홍길주의 풀이법은 간단하다. 먼저 수를 반으로 나누고 나눈 값을 1부터
오름차순으로 뺀다. 9의 경우 반으로 나눈 값 4.5에서 1을 빼고, 남은 값
3.5에서 2를 빼는 식이다. 그렇게 더는 뺄 수 없을 때 남은 수를 2배한 뒤
그 수가 뺄 수와 같으면 제곱근이라는 것이다.

3.5에서 2를 빼고 남은 수 1.5는 3으로 더는 뺄 수 없고 이를 2배한 3이 빼려는 수 3과 같기 때문에 9의 제곱근은 3이 된다는 것이다. 이는 훗날 서양 수학에 등장하는 수열의 합을 구하는 공식과 유사한 독특한 풀이법이다.

그전까지는 중국에서 넓이 계산에 썼던 개방술의 영향이 컸다. 개방술은 어떤 수의 제곱근이 'A백B십C'라고 추측하고 A, B, C를 구하거나 방정식의 근사해를 이용하는 식으로 제곱근을 얻었다.

전 연구원은 "나눗셈과 뺄셈만 이용하는 이 풀이법은 '산학계몽'이나 서양 수학을 담고 있는 『수리정온』에 근거한 중국의 전통과 결별한 새로운 방식"이라고 말했다. 홍길주 스스로도 자신의 저서 『숙수념(孰遂念)』에서 어린아이들도 쉽게 할 수 있는 풀이법"이라고 설명했다.

○ 소수점까지 계산… 세제곱근 이상도 가능

전 연구원은 "이런 계산법은 제곱근이 2.449…처럼 소수로 나오는 6과 같은 수에도 적용할 수 있을 정도로 응용하기 좋다"고 설명한다. 6의 경우 일단 100을 곱해 세 자릿수로 만든 뒤 같은 방식으로 계산하면 24보다 크고 25보다 작은 값이 나온다. 6의 제곱근을 구하려면 이 수를 100의 제곱근 10으로 다시 나눠주면 2.449…라는 수가 나온다는 것.

제곱한 숫자가 만 단위를 넘을 때도 얼마든지 쉽게 풀 수 있다는 게 전 연구원의 설명이다. 이런 방법으로 홍길주는 세제곱근, 네제곱근, 다섯제곱근의 풀이방법도 제시했다.

그는 제곱근 풀이 외에도 정수의 나머지 구하기(부정방정식), 원에 내접하는 다각형의 성질, 황금분할, 세 정수로 이뤄진 직각삼각형의 조합 등 현대 수학에 나오는 다양한 문제에 대한 독특한 풀이법을 함께 내놨다.

당시 조선 수학은 어떤 수준이었을까. 서강대 수학과 홍성사(수학사) 교수는 "송나라와 원나라 때 이미 4차 이상의 고차방정식을 풀 수 있었으며 그런 전통이 조선으로 이어졌다"고 말한다. 넓이나 부피를 구하는 정도의 문제는 쉽게 풀 수 있었다는 얘기다.

○ 송−원시대 고차방정식 해법 조선이 계승

당시 〈실록〉에 따르면 세종대에 이미 '산판(算板)과 산가지'를 활용해 제곱근은 물론 10차 방정식 해까지 구할 수 있었다. 다음 천원술의 방법을 보자.

상수항을 진수(眞數), 1차항을 근(根), 2차항 평방(平方), 3차항 입방(立方), 4차항 삼승방(三乘方)이라고 해서, '$3x^4+5x-2$'라는 4차 다항식을 '삼삼승방 다오근 소이진수(三三乘方 多五根 少二眞數)'라고 표현했다. '다(多)'는 더하기, '소(少)'는 빼기를 뜻한다.

중국이 명나라 청나라로 들어와 실용수학 중심으로 흐름이 바뀐 것과 달리 조선은 수학 전통을 독자적으로 발전시켰다.

명문가 집안 출신인 홍길주가 수학에 몰두했던 것도 이런 전통 위에 수학과 천문학을 반드시 공부해야 하는 사회 분위기의 영향을 크게 받았기 때문이다. 18세기 실학의 영향과 함께 서양의 수학과 과학이 들어오자 '종합 지식인'이었던 선비들도 수학에 관심을 갖기 시작한 것.

실제로 홍대용을 비롯해 황윤석 같은 많은 유학자가 이 시기를 전후로 수학을 연구했다는 기록을 자신의 책에 남겼다. 전 연구원은 "글뿐 아니라 수학에서도 비상한 재주를 가졌던 홍길주는 17, 18세기와 19세기 중반에 이르는 당시 지식인 사회의 분위기를 대변한다"고 말했다.

2 동양 수학은 수리논술 출제 요소와 깊은 관련성이 있다. 우리의 산학서에 있는 것은 아니지만 한국예술종합학교 건축과에서 출제된 다음 문제는 시공을 뛰어넘어 현재와 과거를 잇게 한다. 이 문제를 해결할 열쇠는 두 번째 그림을 이용한 수학적 모델링이다. 단순하게 문제를 풀기보다 수리논술임을 염두에 두고 수학적 사실을 적용해야 한다.

중국 남송 시대 진구소의 책『수서구장(數書九章)』측망류에 있는 문제 두안 측수(陡岸測水)에서는 아래의 왼쪽 그림에 나타낸 바와 같이 낭떠러지 위에서 곱자를 이용해서 강의 너비를 구한다. 조선의 남병길(1820~1869)은 아래의 그림을 이용해서 이 문제의 해법을 설명했다.

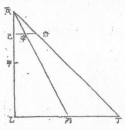

위의 그림에서 $\overline{AB}=0.5$, $\overline{AF}=35$, $\overline{CD}=3.4$일 때, 강의 너비를 나타내는 선분 GH의 길이를 구하라. (단, $\angle ABC = \angle AFG = 90°$)

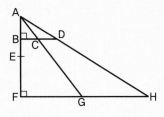

[예시답안]

△AFH와 △ABD는 ∠A를 공통으로 하는 직각삼각형이므로 서로 닮음이다.

따라서 $\dfrac{\overline{AB}}{\overline{AF}} = \dfrac{\overline{AD}}{\overline{AH}}$ 이다. ⋯⋯ ①

△ACD와 △AGH는 ∠ACD와 ∠AGH가 동위각이다.

∠ADC와 ∠AHG 역시 동위각이다. ∠CAD는 공통 각이므로 △ACD와 △AGH는 서로 닮음이다.

따라서 $\dfrac{\overline{AD}}{\overline{AH}} = \dfrac{\overline{CD}}{\overline{GH}}$ 이다.…… ②

①, ②에 의하여 $\dfrac{\overline{AB}}{\overline{AF}} = \dfrac{\overline{CD}}{\overline{GH}}$ 이다.…… ③

문제에서 $\overline{AB}=0.5$, $\overline{AF}=35$, $\overline{CD}=3.4$이

라 했고 ③에 의하여 $\dfrac{\overline{AB}}{\overline{AF}} = \dfrac{\overline{CD}}{\overline{GH}}$ 이므로 구

하고자 하는 강의 너비 GH를 x라 하면

$\dfrac{0.5}{35} = \dfrac{3.4}{x}$ 가 된다.

계산하면 $x = \dfrac{3.4 \times 35}{0.5} = 238$이다. 그러므

로 강의 너비는 238이 된다.

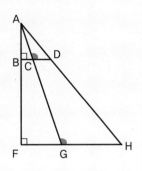

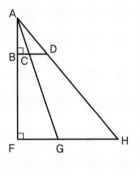

5

조선 수학의 명장면들

-병풍으로 보는 24장면

중국 수학과 다른 우리만의 수학이 있었을까? 대답은 분명히 '있다'이다. 물론 수학이라는 학문에 있어서 우리 것만 고집하는 자세는 올바르지 않다. 지금 대학교 수학과에서는 외국 원서로 수학을 공부한다. 조선시대에 중국 수학책을 교재로 삼아 공부한 것은 당연한 일이다. 그럼에도 불구하고 우리의 위대한 조상들은 독자적인 수학의 명장면을 만들었는데, 이것을 '조선 수학의 명장면 24'로 정리해 자세히 살펴보자.

우리 전통 수학의 깊고 푸른 바다

전통 수학에서 중요하고 멋진 장면은 헤아릴 수 없이 많다. 그 모든 것들을 다 알아보고, 중요도를 판단해서 기막힌 장면을 뽑아내는 건 어려운 작업이다. 하지만 한문으로 된 어려운 산학 책들을 한글로 바꿔서 정리하는 작업이 활발히 진행되고 있다.

이제 우리나라 산학의 24가지 주요 장면을 뽑아서 구경하기로 하자. 선조들이 이룩한 수학의 바다는 깊고 푸르러서 그 안에 무궁무진한 보물이 숨겨 있다.

물론 앞으로 우리가 함께 캐내야 할 몫도 많이 있다. 우리만의 개성이 묻어 나오는 장면을 우선 찾아보기로 하자.

우리 수학의 명장면

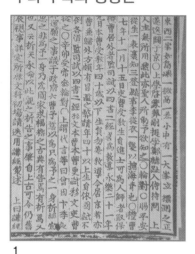

1

2

1. 공자도 수학을 배웠다

〈세종실록〉 12년(1430년) 10월 23일 임금이 『계몽산』을 배우는데, 부제학 정인지가 들어와서 모시고 질문을 기다리고 있으니, 임금이 말하기를, "산수算數를 배우는 것이 임금에게는 필요가 없을 듯하나, 이것도 성인이 제정한 것이므로 나는 이것을 알고자 한다."라고 하였다. 여기서 성인이란 삼황오제와 주공 같은 고대 중국의 성인들을 말하는데, 신하들의 염려를 이 한마디로 막은 세종의 재치를 엿볼 수 있다.

2. 수학책을 진상하다

〈세종실록〉 15년(1433년) 8월 25일 경상도 감사가 새로 인쇄한 송나라의 산학책『양휘산법』백 권을 진상하였다. 세종은 이 책들을 집현전과 호조와 서운관 관리들에게 골고루 나누어 하사하였다. 당시 세종이 무엇을 추구했는지 알 수 있는 대목이다.

3   4

3. 집현전에서도 수학 공부를

〈세종실록〉 25년(1443년) 11월 17일 임금이 승정원에 이르기를, "산학은 비록 술수라 하겠지만, 국가의 긴요한 사무이므로, 역대로 내려오면서 모두 폐하지 않았다. 정자·주자도 비록 이를 전심하지 않았다 하더라도 알았을 것이요, 근일에 전품을 고쳐 측량할 때에 만일 이순지·김담의 무리가 아니었다면 어떻게 쉽게 계량하였겠는가. 지금 산학을 예습하게 하려면 그 방책이 어디에 있는지 의논하여 아뢰라."

하니, 도승지 이승손이 아뢰기를, "처음에 입사하여 취재할 때에 가례를 빼고 산술로 대신 시험하는 것이 어떻겠습니까." 하매, 임금이 말하기를, "집현전으로 하여금 역대 산학의 법을 상고하여 아뢰게 하라." 하였다. 이를 통해 집현전에 있는 조선의 대표적인 학자나 신하들도 수학을 필수적으로 공부했음을 알 수 있다.

4. 수학을 이해한 왕

〈세조실록〉 6년(1460년) 6월 16일, 조선에서 역산(책력과 산술에 관한 학문) 생도를 권려하고, 징계하는 일의 개선책에 대해 논하였다. 『산학계몽』 서문의 일부를 인용하고 조선에서 산서를 구하는 일이 매우 어려웠음을 추측할 수 있다. 세종 때 산학이 어느 정도 발전해 있었음을 잘 나타내 주고 있다. 세조가 수학을 아주 잘 이해하고 있음도 알 수 있다.

5

6

5. 수학공부를 열심히 하지 않는 것을 질타하다

〈세조실록〉 6년 6월 16일, 세조 때에 와서 산학이 퇴보하여 계산법과 제곱근만 겨우 구할 줄 알지 연립 일차방정식, 방정식의 구성과 개방법은 제대로 이해하지 못하고 있음을 알 수 있다. 수학 실력을 높이기 위해서 채찍질하고 있음을 알 수 있다.

6. 구수음도

최석정의 『구수략』에 들어 있는 9차 마방진으로, 이는 최석정이 독창적으로 만든 것이다. 나머지 마방진은 모두 『양휘산법』에서 인용했음을 알 수 있다.

7. 구구모수변궁양도

최석정의 구구모수변궁양도九九母數變宮陽圖이다. 서양에서는 오일러의 방진으로 잘 알려져 있다. 오일러보다 우리나라에서 앞서 연구된

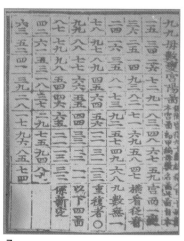

7   8

것인데, 오히려 외국에서 이에 관한 최석정의 학문적 업적을 먼저 인정하였다. 오일러는 18세기의 가장 위대한 수학자로, 직교라틴 방진 개념을 도입하였다.

8. 조선 산학서 최초의 증명

조태구(1660-1723)의 산학서 『주서관견』을 보면, 삼각형 세 변을 주고 수선(일정한 직선이나 평면과 직각을 이루는 직선)의 길이를 구하는 법에 대한 증명이 나온다. 여기서 중요한 사실은 이는 조선 산학책에 실린 최초의 증명이라는 점이다. 수선의 길이를 구하는 데 예각, 둔각 삼각형으로 나누어 증명했다.

9

10

9. 파스칼의 삼각형

산학자 홍정하(1684-?)의 『구일집』(1724)에 실린 내용이다. 송나라의 수학자인 '가헌의 삼각형', 일명 파스칼의 삼각형으로 알려져 있다.

10. $(x-1)^n$의 2항계수

홍정하의 『구일집』에 나온 내용이다. 현재 고등학교 수학에서 중요하게 배우는 부분이다. $(x-1)^n$의 이항계수를 표현하고 있음을 볼 수 있다.

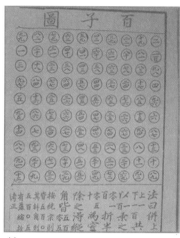

11   12

11. 오류를 바로잡다

『구일집』에 실린 백자도이다. 정대위, 최석정은 양휘의 잘못된 10차 마방진을 자신의 저서에 이를 그대로 인용하였는데, 홍정하는 잘못된 10차 마방진을 맞게 고쳤다. 중국과 조선의 산학 대가들의 계산을 바로잡아 수학의 정확성을 보여준 것이다. 홍정하의 수학자다운 면모와 정직성, 치밀함을 엿볼 수 있다.

12. 개방식 문제

홍정하의 『구일집』에서 천원술 표기로 방정식을 설명하는 장면이다. 홍정하가 천원술을 이용하여 방정식을 구성한 것으로, 중국 산학서 『산학계몽』에 들어 있지 않은 우리 산학의 독창적 형태이다.

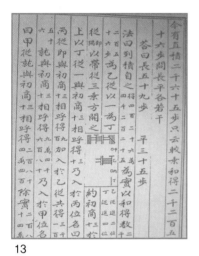

13

14

13. 홍정하의 방정식 이론

홍정하는 전형적인 방정식 이론인 증승개방법을 소개하고 있다. 위의 천원술과 방정식의 풀이법으로 드디어 방정식론을 완성하였다.

14. 아름다운 홍정하의 10차 방정식

홍정하의 『구일집』에 있는 10차 방정식의 천원술 표시이다. 산대의 조형적인 아름다움이 돋보인다. 훌륭한 디자인적 요소가 잘 드러나 있어서 현대의 여러 제품 무늬로 활용해도 좋겠다는 생각이 든다.

15. 명문 산학자 집안의 족보

『주학팔세보』라는 산학자 집안 가계도에 있는 홍정하의 족보이다. 명문 산학자 집안(남양 홍씨)의 가계를 잘 보여주고 있다. 산학자 집안 가계도는 이외에도 『주학입격안』, 『주학선생안』 같은 책에 전해진다.

15

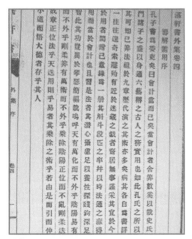

16

16. 정조의 스승이 지은 수학책 서문

담헌 홍대용(1731-1783)의 수학책 『주해수용』의 서문인데, 수학의 실용성을 강조한 좋은 글이다. 번역은 다음과 같다.

공자가 일찍이 '위리(곡식의 창고를 관장하는 벼슬)' 라는 벼슬을 한 적이 있다. 일명 '회계' 를 말하는 것인데, '회계' 라는 것이 수학을 버리고 어찌 설명할 수 있겠는가? 역사가들이 말하길 공자의 제자들이 집대성하여 몸소 육예에 능통했다고 그것을 칭한다. 고인들이 실용에 힘썼다는 뜻과 같은 개념일 것이다.

산법은 『구장산술』에 기초하는데, 대대로 내려오는 방법 또한 여러 가지가 있다. 그것들은 자세한 것도 있고 간략한 것도 있고, 들쭉날쭉하여 한결같지 않다. 풀어놓은 것을 보면 대개 특이한 부분이나 숨겨진 방법을 찾는 것이 거의 숨바꼭질과 가깝다. (아마도 그 이유는 저자들이 여흥이나 유희 식으로 소일거리 삼아 계통 없이 수학을 대했던 태도에 기인하지 않나 생각한다.) 나는 지금의 실정에 맞게 실용적으로 수학을 다룬 내용을 찾아서 나의 뜻에 부합된 것을 붙여 한 권의 책으로 꾸며보았다. 언제든지 용량과 길이의 비율, 상황에 맞는 실용성을 활용하여 회계를 처리할 수 있게 하였다. 또 이 법을 익히는 자는 마음을 가라앉혀 깊이 생각하면, 족히 본성을 기를 수 있고, 깊이 탐구하고 깊이 찾으면 족히 지혜에 도움이 될 수 있다. 이 공이 어찌 좋은 악기를 얻고 좋은 책을 얻는 것과 무엇이 다르겠는가?

하늘은 만물의 변화가 있어 음양의 이치에 벗어나지 않고, 주역은 만물의 변화가 있어 강하고 부드러운 것에 벗어나지 않고, 수학은 만물에 있어 승제에 벗어나지 않는다. 음양이 바른 자리에 서면 어지럽지 않고, 강하고 부드러움이 질서에 맞게 잘 교차하면 성장과 조화를 이룬다. 바른 자리는 하늘의 법도가 되고, 교차하여 쓰이면 주역에서 법도가 되니 어찌 수학에 있어서 승제의 기술이 아니겠는가? 만약 이러한 논리를 바탕으로 이 논리를 넓히고 잘 펼치어 작은 도리를 보고 큰 법을 깨닫는 것은, 이 책을 읽는 사람의 몫일 것이다.

17. 삼각함수

홍대용의 수학책 『주해수용』에서 보이는 특수각의 rsin x 값 (r=100,000인 경우)이다. 이로써 서양 수학인 삼각함수표를 중국으로부터 얻어서 일반적으로 사용했음을 알 수 있다. 즉, 서양 수학의 본격적인 유입이 시작되었다.

17

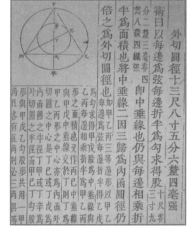

18

18~19. 이상혁의 기하도형 문제들

조선의 천재 수학자 이상혁(1810-?)이 지은 산학서인 『산술관견』(1855)에 들어 있는 문제로, 원에 내접하거나 외접한 여러 정다각형 문제이다. 현재 고등학교 교과서 문제로 활용해도 손색이 없을 정도로 뛰어나다. 붓으로 어떤 도구를 가지고 원과 다각형을 그렸는지 궁금하다.

19

20

20. 세계 어느 곳에도 없는 독창적인 아이디어

이상혁의 『익산』(1868)에 있는 내용이다. 퇴타술(유한급수론)에 대한 역사와 동기에서 이상혁이 얻어낸 중요한 업적 중 하나인 기본 철학을 나타낸 부분이다. 세계 어느 곳에도 없는 그의 독창적인 아이디어가 돋보인다. 아마도 Σ 같은 부호와 현대 수학의 여러 급수를 이상혁이 알고 있었다면, 세계에서 가장 뛰어난 급수이론 학자가 되지 않았을까?

21~24. 양반 중의 양반이 중인의 책 서문을 쓰다

남병길이 이상혁의 천문학에 관한 저서 『규일고』(1850)에 써준 친필 서문이다. 당대 정승 남병길이 중인 산학자 이상혁에게 써준 서문인데, 친구라고 일컬은 것으로 보아 학문적인 교류와 함께 계급적인 관념을 초월한 수학의 세계를 엿볼 수 있다. 그리고 거리낌 없는 필체의 멋도 느낄 수 있어서, 병풍으로 위의 내용을 만들고 보니 가장 멋진 부분이라고 많은 사람들이 즐거워하였다

21

22

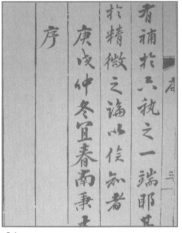

23

24

병풍 구경을 하자

위의 내용을 고급스러운 한지에 복사하여 한 장 한 장 배접을 하고 전통 병풍을 만들어 보았다. 사진은 완성된 병풍의 모습이다. 역시 한지와 조선 병풍과 우리의 산학에 관한 내용은 기막히게 잘 어울린다. 이병풍은 서울 종로구의 인사동에 있는 전통 표구 화랑에서 제작했는데, 열성을 다해 만들었다. 원래 우리나라의 병풍은 바퀴가 달려 있었다는 사실도 이날 처음 들었다. 병풍은 무거우니까 집에다 놔두고 우리 조상들의 산학의 내용이 적힌 부채를 만들어 손에 들고는 느릿느릿 한복을 입고 걸으면 참 멋드러지지 않을까?

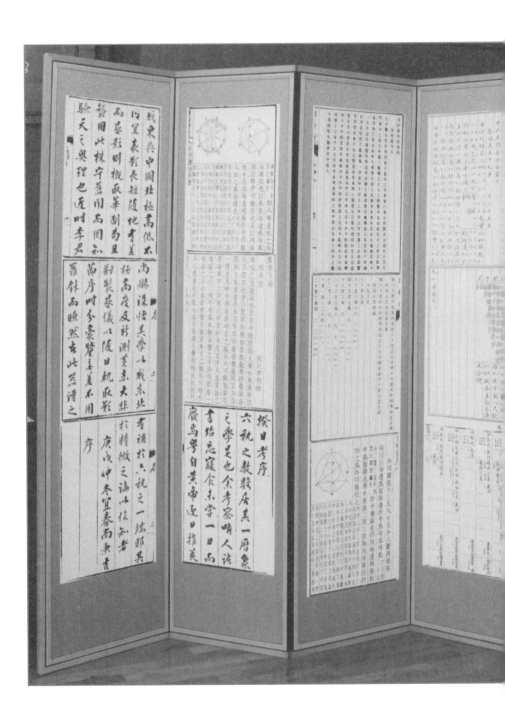

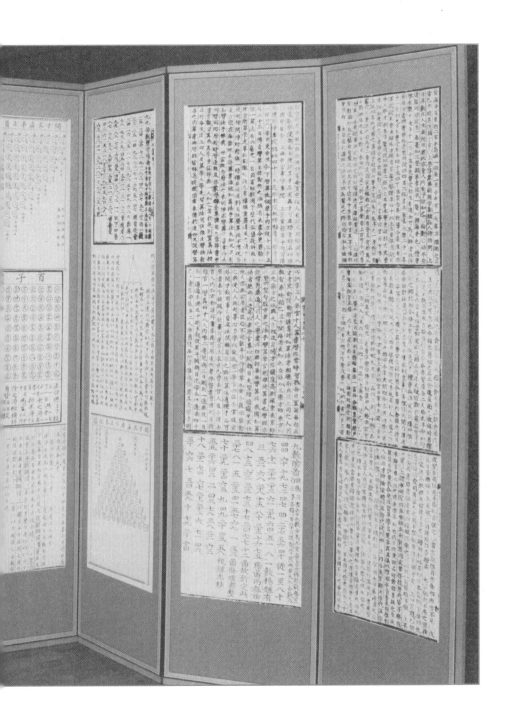

1 앞에 소개한 병풍은 한국과학창의재단의 후원으로 만들었다. 병풍에 대한 설명은 다음과 같다.

중국 수학이 아닌 우리 조상들만의 독특한 조선수학 자료를 찾으려니 생각보다 쉽지 않았다. 출처는 주로 한국과학기술사자료대계와 〈조선왕조실록〉에 들어있는 것을 골라 보았다. 우리 조상들의 수학의 명장면 24를 8폭 병풍에 담아보니 참 아름다움을 느꼈다. 이 아름다움을 느끼면서 그 내용도 공부해 보도록 할까?

- 조선 산학의 명장면 24개를 이용한 8폭 병풍
- 중국 수학이 아닌 우리 조상들만의 독특한 조선수학의 자료를 골랐다.
- 출처는 주로 한국 과학기술사 자료 대계와 〈조선왕조실록〉에 들어있는 것으로 하였다.
- 우리 조상들의 수학의 명장면 24를 8폭 병풍에 담아 아름다움과 자부심을 느끼면서 그 내용도 알아보도록 했다.
- 한자가 어려워서 간략한 설명을 달았다. 간략한 설명은 1부터 24의 순서로 했다. 한 폭에 장면 3개가 들어가므로 모두 8폭이면 24개의 장면이 완성된 형태이다. 예를 들어 22는 여덟 번째 폭의 위에서 첫 번째 글 또는 그림의 해설이다. 병풍은 맨 오른쪽부터 시대 순으로 본다.

2 본문의 내용 중 13번째 홍정하의 방정식 이론은 대한수학회소식지(2010년 5월호 13–14쪽)를 보면 자세히 알 수 있다.

6

조선시대 수학 정리

–조선 산학의 환경과 양반 산학자들

우리나라에서는 한국수학사학회[1]를 중심으로 우리의 전통수학에 대한 연구가 활발하다. 지금 단계는 이제 막 씨를 뿌리는 단계이지만, 앞으로 10~20년 후에는 나무가 되어 잎이 무성해질 것이다. 그리고 그 이후에는 그 나무 그늘 아래 우리들이 뛰어놀고 열매를 줍고 때로는 사색에 잠기면서 휴식을 취할 수 있을 것이다. 조선시대 산학 내용을 좀더 체계적으로 자세히 설명한 글이 《대한수학회 소식지》에 연재되어 실렸다. 글을 쓴 홍성사 선생님(전 한국수학사학회 회장, 서강대 명예교수)의 허락을 받아 그 중 몇 편을 여러분이 이해하기 쉽도록 조금 다듬어 여기에 싣는다.

조선 산학의 환경

조선 산학이 발전한 환경을 조사해 전체 흐름을 살펴보도록 하자. 우선

---

1) 우리나라의 학술단체, 학회로 수학사를 중심으로 수학에 관한 여러 지식을 연구하는 모임이다. 회원은 누구나 자유롭게 가입할 수 있고 매달 우리 수학을 공부하는 모임과 회지 발간, 학술 발표대회, 기타 여러 행사를 주관한다. 논문과 사료에 대한 정보는 한국수학사학회 홈페이지(www.kshm.or.kr)에서 찾을 수 있다.

조선 산학의 교육제도를 살펴보면, 태조실록 2년(10월 27일), 태종실록 6
년(11월 15일)에 관련 내용이 나오고, 또 산학에 관계되는 관리를 뽑는
취재에 관한 내용은 태종실록 12년(10월 17일, 11월 15일)에 나온다. 또
이들 관리에 관한 내용은 태조실록 1년(7월 28일), 세조실록 12년(1월 15
일), 경국대전 육조 호조항에 들어 있다. 취재에 합격한 산원들에 관한
자료로는 『주학입격안』과 『주학선생안』이 있다. 전자는 성종부터 고종
26년(1888년)까지 합격한 산원 1,626명이 들어 있고, 후자에는 같은 시
기에 시작해 고종6년(1869년)까지의 명단이 실려 있다. 이들은 모두 중
인들로, 가장 높이 오를 수 있는 직책은 호조에 들어 있는 종6품인 산학
교수와 별제였다.

이들 중 산서를 남긴 사람은 『묵사집산법』의 저자 경선징(慶善徵,
1616-?), 『구일집』의 저자 홍정하(1684-?), 『차근방몽구』(1854) · 『산술
관견』(1855) · 『익산』(1868) · 『규일고』(1850)를 지은 이상혁(李尙爀,
1810-?) 단 세 사람뿐이다. 이들은 뚜렷한 업적을 남긴 당대의 위대한
수학자였다. 물론 호조에서 실제 관료로서 일을 할 때 『양휘산법』, 『산
학계몽』, 『상명산법』에 들어 있는 산학이 전부 필요한 것은 아니었다.
태종실록 16년(7월 8일), 세종실록 5년(11월 15일), 13년(3월 2일), 25년(11
월 17일), 28년(10월 19일) 등을 통하여 세종까지는 산학을 매우 중요하
게 생각하여 이를 활발하게 연구한 것을 알 수 있다.

그러나 세조실록 6년(6월 11일)에 나타난 자료를 보면, 이때는 이미
산학이 쇠퇴했음을 알 수 있다. 이에 따르면 『산학계몽』 서문 일부를 그
대로 인용하고, 간단한 셈법만 알고 세제곱근도 구할 수 없어 방정정부
문, 개방석쇄문, 구고, 해도산경의 내용을 아는 사람이 아무도 없다고

개탄하며 산학 연구를 독려하고 있다. 그러나 3년 후인 세조실록 9년(3월 2일)에 습산국에 속해 있는 학도를 전곡 회계를 전문으로 담당하는 산학중감으로 모두 옮기게 하고, 역산학관으로는 옮기지 못하게 한다. 따라서 산원들은 천문학을 연구할 수 있는 기회를 더 이상 갖지 못하게 되었다.

세종 때 『양휘산법』과 『산학계몽』이 출판되었다. 김시진은 『산학계몽』 중간본 서문에서 『양휘산법』과 『산학계몽』을 각각 김구 현령 정양, 지부회사 경선징으로부터 구하였는데, 『산학계몽』은 완전하지 못하여 대흥 현감 임준의 도움으로 이를 보완하고, 당시 산학이 상명산법 정도에 그쳐 있어서, 이를 중간한다고 하였다. 물론 1660년은 임진왜란, 병자호란을 거친 후이지만 앞의 세조실록과 함께 보면, 취재 시험에 상명산법만 이용되었음을 추정할 수 있다. 따라서 17세기 중엽까지 『양휘산법』, 『산학계몽』은 조선 산학 발전에 거의 영향을 끼치지 못하였다. 중간이 출판된 후 박율(1621-?)이 산학계몽을 연구하여 『산학원본』을 출판하였다. 산학계몽을 완벽하게 연구하여 조선 산학에서 가장 큰 업적을 낸 산서는 바로 홍정하가 펴낸 『구일집』이다.

황윤석(1729-1791)은 『산학원본』에 약간의 교정을 더하여 『산학본원』으로 새롭게 출판하였다. 황윤석은 『제가장수학계몽후-이재유고』에서 18세기에 『산학계몽』이 조선에서 다시 잊혀진 상태에서 우연히 그 책을 얻었음을 나타내고 있다. 홍대용이 쓴 『주해수용』의 천원해 절에 『산학계몽』의 개방석쇄문 문제들을 천원술을 이용하여 방정식을 구성하는 과정은 언급하지 않고 다만 풀이만 넣고 있다. 19세기 중엽에 중국의 산학자 진구소, 이야, 주세걸의 저서가 조선에 들어왔고, 이상혁, 남병길(1820~1869), 남병철(1817~1863) 등에 의하여 연구될 때까지 홍정하 이후에 송나라, 원나라의 산학은 조선 산학에 큰 영향을 미치지 못하였다고 할 수 있다.

17세기 중엽 서양 역법에 기초한 시헌력이 조선에 도입되면서 이에 따른 서양 수학도 조선에 함께 들어오게 되어, 최석정(1646~1715)은 동문산지를 연구하여 『구수략』에서 이들을 인용하였다. 조태구(1660~1723)도 최석정과 같이 서양 수학을 연구하고, 또 산법통종을 함께 연구하여 『주서관견』(1718)이란 책을 저술하였는데, 조선에서 출판된 현존하는 산서로 『구장산술』을 취급한 최초의 것이다. 그는 『구장산술』 원본을 연구한 것이 아니라 산법통종을 통한 것으로 보인다. 18세기 수리정온과 함께 서양 수학이 들어와 이들을 연구한다. 이들은 논증이 들어있는 방대한 양의 기하와 대수를 포함하는 산서로 이들을 접할 수 있는 사람은 매우 제한적이고 또 제대로 이해하는 데 어려움을 겪었다.

또 하나의 특징은 산학자들의 연구가 이어지지 않고 있다는 것이다. 예를 들어 홍정하가 쓴 『구일집』에 들어 있는 훌륭한 업적은 19세기 중엽 남병길, 이상혁 등과 같은 학자에 의하여 재발견되기 전까지 전혀 인용되지 않고 있었다. 이상 대략적으로 살펴본 조선 산학의 환경은 매우 열악한 상황임을 알 수 있다. 그러나 그럼에도 불구하고 조선 산학은 당시 중국 산학과 다른, 뛰어나고 많은 업적도 있었음을 알수 있다.

— 대한수학회 소식지 제125호(2009. 05), 32~35쪽

조선의 양반 산학자들

위에서 조선 산학자들이 어려운 환경 속에서 이루어낸 업적이 있다고 언급했다. 가장 대표적인 것으로 '조선의 방정식론—천원술'을 통한 방정식의 구성과 증승개방법에 의한 방정식의 해법을 들 수 있다. 이처럼 조선만의 뛰어난 산학인 방정식론 발전에 가장 크게 기여한 학자로 홍정하를 들 수 있다. 그가 지은『구일집』은 조선의 산서로 가장 훌륭한 것이다. 2010년은 이런 홍정하와 함께 조선의 대표 산학자인 이상혁의 탄생 200주년이 되는 해였다.

홍정하와 이상혁은 모두 중인 신분이었다. 두 사람을 제외한 중인 산학자의 저서로는 경선징의『묵사집산법』이 있다. 이것은 17세기 조선 산학 교육에 필요한 최초의 산서로 중요한 역사적인 의미는 크지만, 홍정하와 이상혁이 쓴 수학책에 비하면 수준이 낮다. 따라서 중인 신분이 아니라 양반으로서 산학 연구에 매진한 조선의 양반 산학자들에 대해 덧붙여 알아보고자 한다.

중인 출신 산학자와 마찬가지로 양반 산학자들이 저술한 산서들 역시 후학들에 의하여 계속해서 보완되는 과정을 거치지 않았기 때문에 그들의 업적을 짧은 글로 정리하는 일은 불가능하다.

양반 산학자는 크게 두 부류로 나누어진다. 먼저 과거에 급제한 후 관직을 가지고 산서를 펴낸 산학자와 그렇지 않은 사람들이다. 대표적인 인물들을 살펴보자. 먼저 과거에 급제 후 관직에 올라 산서를 펴낸 사람은 아래와 같다.

- 박율(1621~1791): 『산학원본』(1700)

- 최석정(1646~1715): 『구수략』

- 조태구(1660~1723): 『주서관견』(1718)

- 남병철(1817~1863): 『해경세초해』(1861)

- 남병길(1820~1869): 『집고연단』, 『구장술해』, 『유씨구고술요도해』,
『무이해』(1855), 『측량도해』(1858), 『산학정의』(1867)

- 조희순 : 『산학습유』(1867)

후자에 속하는 사람은 아래와 같다.

- 황윤석(1729~1791): 『이수신편』

- 홍대용(1731~1783): 『주해수용』

- 홍길주(1786~1841): 『항해문집』

전자에 속하는 사람으로 은산 현감(종6품)을 지낸 박율과 남병길의 서문에 따르면 '절도조군'이라고 소개한 조희순을 제외하면 모두 판서 이상의 높은 관직을 지낸 인물들이다. 특히 최석정과 조태구는 영의정까지 지낸 사람들이다. 남병철, 남병길 형제는 관상감의 제조를 역임하여 천문학에 관한 서적도 출판하여 산학에 대한 관심이 깊을 수밖에 없었다.

박율은 목사를 지낸 그의 아들 박두세(1650~1733)가 『산학원본』을 최석정에 보여 주고 최석정의 서문을 달아 출판한 연도가 나타나 있다. 조태구는 『주서관견』을 출판하지 않고 다만 그 자신이 발문을 후

기하면서 저술한 시기를 '무술 국추'라 하여 1718년이 드러난 것이고, 조희순의 『산학습유』도 남병길의 서문으로 저술한 시기가 나타난다. 이상혁은 중인이었지만 정3품까지 벼슬을 지내고 양반인 남병길과 공동 연구를 하였으므로 거의 양반에 속하는 것으로 보아도 무방하고, 또 남병길과 이상혁은 서로의 저서에 서문을 달아주어 서문이 없는 경선징과 홍정하의 저서와 구별된다.

양반들은 수학 연구에 대하여 항상 약간의 변명(?)을 하고 있다. 세종도 주세걸의 『산학계몽』을 공부하는 이유로 "산수재인주무소용 연차역성인소제 여욕지지算數在人主無所用 然此亦聖人所制 予欲知之"라 하여, 산수가 성인들이 만든 것이어서 알아야겠다고 한 것을 들었다. 1660년에 김시진(1618~1667)이 『산학계몽』을 중간하여 조선의 산학이 새로운 전기를 맞게 되는데, 『산학계몽』의 서문에도 중국 황제가 "정삼수위십등 구장지명입언定三數爲十等 九章之名立焉"이라 하여 진법과 구장을 이루고, 주공이 젊은이들을 교육하는데 필수과목으로 정한 육예 중의 하나가 수(=구수, 즉 『구장산술』의 '구장'에 해당하는 것)라는 것을 언급하여 이는 거의 모든 양반 산학자 저서에 인용되었다.

17~18세기는 서양 신부들이 들여온 서양 역법과 이를 위한 서양 수학이 청나라의 학계에 크게 영향을 준 시기이다. 17세기 중엽 조선에도 그들이 만든 시헌력과 함께 서양 수학도 들어오게 되었다. 송, 원대의 업적이 명대에 잊혀지고, 『양휘산법』과 오경의 『구장산법비류대전』(1450)의 영향을 받은 정대위(1533~1606)의 『산법통종』(1592)만 명대의 산학에 영향을 주고 있는 상황에서 명 후기에 들어온 서양 수학은 매우 큰 충격이었다.

박율은 현감을 지내고 있었기 때문에 홍정하와 같이 17세기 중엽에 들어온 서양 수학을 전혀 접하지 못하고 『산학원본』을 저술하였다. 박율은 이 책에서 천원술의 기본을 철저히 이해하여 방정식의 구성에 대한 구조를 밝혔다.

　　박율을 제외한 나머지 양반 산학자들은 모두 17세기 중엽 이후에 들어온 서양 수학에 관심을 나타냈다. 지위가 높은 양반들은 관상감에 들어와 있는 산서들을 접근할 수 있었고, 또 개인적으로 이들을 들여올 수 있는 환경을 가지고 있었다. 최석정은 1686년, 1697년, 조태구는 1710년, 홍대용은 1766년에 청나라에 다녀왔다. 최석정은 연경의 책방에서도 『구장산술』을 살 수 없었다고 『구수략』에 기록하고 있다. 남병길이 수집한 책들은 엄청났다. 남병길은 『손자산경』, 『오조산경』, 『장구건산경』, 『집고산경』과 이야(1192~1279)의 『측원해경』(1282)과 『익고연단』(1259)을 포함하는 지부족재총서와 『구장산술』, 진구소(1202~1261)의 『수서구장』(1247), 『매문정』(1633~1721)의 『매씨총서집요』를 비롯하여 18세기 말부터 진행된 송, 원대의 산서와 세초를 거의 모두 수집하여 이상혁과 함께 연구하였다.

　　양반 산학자, 특히 고위 관직을 유지한 산학자들은 중인 산학자와 전혀 다른 환경에서 산학을 연구할 수 있었다. 이상혁을 제외하면 이들의 연구 결과가 중인 산학자에게 영향을 미친 예는 찾을 수 없다. 마찬가지로 조선 산학에서 가장 뛰어난 업적을 이룬 홍정하의 『구일집』도 이상혁과 남병길에 의하여 그 가치를 인정받을 때까지 양반 산학자들이 이를 연구한 흔적은 찾을 수 없다.

　　남병길의 『산학정의』와 같이 체계적으로 송, 원대의 수학과 서양 수학을 두루 연구한 후 이를 정리하여 출판한 책도 있지만, 양반들의 산서는 자기들이 수학을 연구하는 과정을 적어놓은 것으로 문집이나 단행본으로 전해진 것들이 대부분이다. 예를 들어 홍대용의 『주해수용』 내편 하권의 첫 번째 장인 천원해를 보자. 『산학계몽』 하권의 마지막 장인 개방석쇄문에서 천원술을 사용하여 방정식을 구성하고 해는 '해지' 라는 말로 대체하였는데, 이 중 제 8~34문을 천원해에서 택하여 문제와 방정식의 구성 과정도 들지 않고 방정식의 해법만 늘어놓았다. 우리가 가지고 있는 홍대용의 『주해수용』은 1939년 출판된 것인데, 따라서 원본에 문제는 수록했을 수 있지만 내용으로 보아 방정식의 구성 과정은 들어있지 않은 것이 틀림없다.

전통적으로 경전들은 원문과 이들에 대한 설명으로 이루어져 있고 또 서적들을 구하기가 매우 어려워 필사하는 일부터 시작하여 저자의 의견을 첨가하는 방법으로 공부를 하였다. 이런 방법에 익숙한 양반 계층은 수학도 같은 방법으로 접근하여 다른 저서를 그대로 옮기는 일이 자주 일어났다. 황윤석의 『이수신편』에 들어있는 『산학본원』은 박율의 『산학원본』을 거의 그대로 옮긴 것이다. 『이수신편』은 백과사전 형태의 전집으로 방대한 주제에 관한 책이다. 따라서 그의 산학입문도 제도나 문물에 대한 내용은 모은 여러 자료들을 첨가한 것으로 의미를 찾을 수 있다.

양반 산학자들의 수학에 대한 관점의 스펙트럼이 매우 넓은데, 같은 시대 같은 직위를 지낸 최석정과 조태구의 저서를 분석하기로 한다.
앞에서 이야기한 대로 18세기 양반들은 서양 역법에 관심이 많아 서양 수학에 깊은 흥미를 가지게 되었다. 최석정과 조태구의 사후에 서양 수학을 집대성한『수리정온』이 조선에 들어와, 이들 이후의 학자들은 『수리정온』과 이 책에는 들어 있지 않지만 천문학을 이해하는 데 필수적인 구면삼각법을 이해하려고 하였다.

1607년 리치와 서광계가 유클리드의『기하학 원론』처음 6권을 번역하여『기하원본』으로 출판하고, 리치와 이지조가 C. 클라비우스 (1537~1612)의『Epitome Arithmeticae Practicae』(1583)와 정대위의 『산법통종』을 편역하여『동문산지』(1614)를 출판하면서 중국에 서양 수학이 도입되기 시작되었으며 이들을 통하여 논증기하와 서양 산술이 중국에 들어오게 되었다. 이들에 의하여 시작된 서양 수학과 천문학을 집대성한『숭정역서』(1634)가 편찬되고 이것이 청으로 넘어오면서『신법산서』로 확대되고, 시헌력이 시행되었다. 조선에서 새로운 역법과 산학에 대한 이해와 반발이 함께 일어났을 것으로 추정된다.

최석정은 서양 수학도 동양의 사고 특히 역경에 기초하여 이해할 수 있다는 논리를 가지고『동문산지』를 주로 인용하면서『구수략』을 저술하였다. 사상으로 모든 수학적 구조를 해석하려고 하였는데, 그는 동양의 산학도 충분히 연구되지 않은 상태에서 새로운 분야를 사상과 연결하려고 하여 그의 목적을 달성할 수 없었다. 예를 들면『동문산지』에 들어 있는 구고는 닮은 직각삼각형을 이용한 측량법이고, 이의 부록으로 직각삼각형의 성질은 '부구고략'으로 넣었다. 닮은 삼각형을 이용한 측량법은 비례를 사용하므로 그는 '준승'으로 구분하는데『구장산술』의 구고장도 '준승'으로 분류하였다. 일찍부터 역을 설명하는 데 3차마방진을 사용하였다.

구구단도 $a \times b$ 부분을 9×9의 칸에 (a, b)를 숫자로 늘어놓은 것을 구구모수명도, 산대로 늘어놓은 것을 구구모수상도라 하고 그 곱을 나타내는 것을 구구자수명도, 구구자수상도라 하여 명과 상을 구별하였다. 구구모수도를 '채씨 범수도'라 하였는데, 채씨는 채원정(1135~1117)과 그의 아들 채침(1167~1230)을 뜻한다. 최석정은 양휘의 속고적기산법에 들어 있는 여러 종류의 마방진을 인용하면서 더 많은 종류의 마방진 형태를 첨가하였다. 특히 위의 구구모수도의 변형으로 구구모수변궁양도, 구구모수변궁음도를 구성하였는데, 전자는 직교 라틴 마방진이다. 이에 따른 구구자수변궁양도, 구구자수변궁음도를 구성하였는데 어떤 과정으로 만들었는지 알 수 없다. 역을 64괘로 나타내는 과정의 확장으로 81주가 있다.

조태구가 조선에서 서양 수학을 제대로 이해하고, 전통수학과 이를 통합하여 저술한 책이 『주서관견』이다. 수학적 구조와 논리만 가지고 산학을 정리하고, 또 정의와 증명을 동시에 포함한 순수한 수학책이다. 최석정의 『구수략』도 인용하지만 상당히 많은 부분에서 우리가 위에 논한 약점을 들어 수학은 수학일 따름이라는 관점을 보여주고 있다. 조태구는 『구수략』, 『동문산지』, 『산법통종』뿐만 아니라 더 많은 서양 수학 책을 참고한 것으로 보인다. 리치와 서광계의 『기하원본』도 읽었을 가능성이 보인다. 전통적인 산서에서 도형은 모두 전田자를 붙여서 方田방전, 圭田규전, 梯田제전, 圓田원전 등으로 나타내는데, 조태구는 전자 대신에 형 자를 사용하고, 닮은꼴을 상사라 나타냈다. 수리정온은 동식이라 하였다. 『기하원본』에서는 비례라는 말을 사용하고, 반비례가 나타나는 경우를 호상시지형이라 하였는데 조태구는 반비례를 호

시라 하였다.

『주서관견』은 『구장명의』를 인용한 후 『구장산술』각 장의 제목 아래 해당되는 문제들을 다루었다. 하지만 조태구도 『구장산술』을 읽지는 못한 것으로 추정된다. 예를 들어 구장의 제2장 속미의 문제와 조태구의 문제는 비례를 다룬다는 것을 제외하면 완전히 다른 종류이다. 소광장은 5승근까지 구하고 일반 다항방정식도 취급하였다. 구고에는 측량 문제도 함께 다루는데 주어진 조건이 밑변(구)만 주고 빗변(현)과 넓이가 주어지지 않았으므로 높이(고)를 구할 수 없어서 닮은 삼각형을 사용할 수밖에 없다고 하였다. 주어진 가정을 따져서 결론을 얻어내는 논리적 과정을 보여주고 있다.

이후에 구장문답이라는 항목으로 그가 취급한 내용에 대한 해설을 첨가하였는데 이 과정은 모두 일종의 증명에 해당된다. 원둘레의 길이를 구하는 방법으로 할원지법의 기본을 들었는데 그는 극한 개념을 내접하는 정사각형부터 시작하여 차례로 정2^n각형을 만들어 n을 크게 하면 한 변이 '극소 극단'이 되어 다각형이 원으로 접근하는 것으로 설명하였다. 이어서 원의 넓이와 원주율과의 관계는 둘레를 이용하여 나타내고, $\sqrt{2}$, $\sqrt{3}$ 의 근삿값을 자세히 논하였다. 그가 다룬 일반 다항방정식은 천원술을 이용하지 않고 구성하였다. 기하 문제는 논증기하를 사용하여 증명하였는데, 삼각형의 세 변을 주고 높이를 구하는 방법은 대수적인 방법으로 증명하였다.

최석정과 조태구는 그들이 참고한 산서가 다르긴 하지만 같은 종류의 문제에서도 조태구는 수학적 구조와 논리를 적용한 순수한 산서를 저술한 것을 곧 알 수 있다. 그러나 서양 수학과 동양 수학을 어우

르는 결과를 포함하여 현재에도 사용할 수 있는 『주서관견』이 출판되
지 못하여 불행하게도 조선 산학이 크게 발전할 수 있는 기회를 놓치
게 되었다.

– 대한수학회 소식지 2012년 5월호

나가는 말

　우리나라 수학 역사는 그 아름다움과 위대함에 비해 많이 평가 절하되어 있다. 자라나는 우리 아이들은 우리 수학의 역사를 바로 알고, 긍지를 가졌으면 하는 바람에서 미흡하나마 글을 썼다. 물론 이 과정에서 삭은 상상력을 첨가해서 덧붙인 부분도 있음을 밝힌다. 이것은 하나의 주제에 국한되기보다는 그 주변의 이야기를 활용해 우리 옛 수학을 설명하기 위한 의도 때문이었다.

　우리 옛 수학에서 앞으로 더욱 활발히 논의해야 할 분야는 고구려, 백제, 고려의 수학이다. 앞으로 남한과 북한이 통일되면, 북한에 남아 있는 더 많은 역사적 자료를 활용해 우리 조상들의 수학을 연구할 수 있을 텐데, 여러 모로 아쉬움이 남는다. 하지만 그에 관한 자세한 논의는 다음으로 미루도록 하겠다. 여러 자료와 문헌을 읽고 참고했는데, 여기서 짧게나마 감사의 마음을 전한다. 도움을 주신 여러분께 감사를 드린다. 이 책을 쓰면서 참 행복했고, 앞으로 내가 할 일이 많다는 점을 깨닫게 되었다.

가진 것은 몇 배가 되었지만,

가치는 더 줄어든다.

말은 너무 많이 하고 사랑은 너무 적게 하며,

너무 자주 미워한다.

먹고 사는 법은 배웠으나

어떻게 살 것인가는 배우지 못했고

인생을 사는 시간은 늘어났지만

시간 속에 삶의 의미를 넣는 법은 상실했다.

달에 갔다 왔지만

길을 건너가 이웃을 만나기는

더 힘들어졌다.

참고자료

참고 도서와 문헌

강신원, 장혜원 역, 황윤석 저(2006) 『산학입문』 교우사

교육부(2009) 『고등학교수학과 교육과정해설』

교육부(2002) 『편수자료 1, 2』

구만옥(2004) 『조선후기 과학사상사 연구』1, 466-468, 연세국학총서, 혜안

금장태(1987) 『한국실학사상연구』 집문당

김기향(2003년 10월 8일) '한글은 과학이다' 《한겨레》

김교빈, 이현구(1993) 『동양 철학 에세이』 동녘

김동기 역, 홍대용 저(1974) 『국역 담헌서 외집』 4-6권, 민족문화추진회

김문용(2005) 『홍대용의 실학과 18세기 북학사상』 예문서원

김병덕(1995) 〈한국수학사학회지〉 8(1) 한국수학사학회

김용운(1977) 『韓國數學史』 과학과인간사

김용운 · 김용국(1996) 『중국數學史』 민음사

김용운 · 김용국(1997) 『수학사의 이해』 우성

김태준(1987) 『홍대용 평전』 민음사

김흥규(2005) '우리나라 전통 수학을 수업시간에 활용하다' 수학사랑 수학칼럼

김흥기(2000) 『중고등학교 수학교과서』 두산

더크 스트릭 저, 장경윤 외 역(2002) 『간추린 수학사』 경문사

리용태(1990) 『우리나라 중세과학기술사』 북한과학백과사전종합출판사

박근덕(2004) 『차근방몽구』 도서출판 夏雨

박승안(1991) 『현대대수학』 경문사

박성래(2001) 「일조각 담헌서」 진단학회편

박성래(2001) 「홍대용 담헌서의 서양과학 발견」 진단학회편 한국고전심포지엄

박영식 · 최길남(2005) 『산학정의(算學正義) 상편(上篇)』 UUP

박해환(1996) 「조선 시대 수학사에 관한 연구」 인하대석사학위논문

배용한(1983) 「조선 시대 수학의 특징」 영남대학교 교육대학원 석사학위논문

數學セミナー增刊(1989) 『100人の數學者』 日本評論社

안소정(2005) 『우리겨레의 수학이야기』 창작과비평사

안소정(2010) 『우리겨레는 수학의 달인』 창작과비평사

안영모(2000) 「조선 시대의 산학 발달에 관한 연구」 고려대석사학위논문

양태진(1990) 『알기 쉬운 옛 책 풀이』 법경출판사

유효균(2001) 『술수와 수학 사이의 중국문화』 동과서

유홍준(1987) 『나의 문화유산 답사기2 -산은 강을 넘지 못하고』 창작과비평사

이장주(2007) 「주해수용의 이해와 수학교육적 의의」 단국대학교 학위 논문

이태규(1989) 『이야기 수학사』 백산출판사

일본수학교육학회 편집(2000) 『화영/영화 산수 · 수학 용어활용사전』 동양관 출
　　　　　　　　　　　　판사

任正爀(1993) 『朝鮮の科學と技術』 明石書店

장혜원(2006) 『산학서로 보는 조선수학』 경문사

장혜원(2006) 『청소년을 위한 동양 수학사』 두리미디어

장혜원(2010) 『조선 최고의 수학자들이 빚어낸 수의 세계 수학박물관』 성안당

전병기(1982) 『한국과학사』 이우출판사

조선기술발전사(1994) 『북한과학백과사전』 종합출판사

진단학회(2001) 『담헌서』 일조각

차종천 역(2000) 『구장산술/주비산경』 범양사 출판부

차종천(2000) 『조선 시대의 중국산학 수용검토』 과학사상

차종천(2006) 『양휘산법』 『산학계몽』 교우사

『한국과학기술사자료대계 수학편』(1985) 여강출판사

한영호(1998) 「서양 기하학의 조선전래와 홍대용의 주해수용」 건국대학교

홍대용(1969) 『담헌서』 경인문화사

홍대용(1997) 『주해 을병연행록』 태학사

홍성사 역 이상혁 저 (2006) 『익산』 교우사

홍성사 외(2005) 『수학과 문화』 도서출판 우성

황정하(1987) 「조선 영조, 정조시대의 산원연구」 청주대학교 대학원 석사논문

Eves, Howard (1995) 『수학사』 경문사

Liyan ·Dushiran(1987) 『ChineseMathematics—A concise history』 Oxford

나라사랑 (제20집) 「보재논집」의 논문들, 외솔회

『삼국유사』(2003) 김원중 역, 을유문화사

《수학과 교육》 전국수학교사모임 회지

《한국 수학사학회지》(2010 8) '최석정의 직교라틴방진'

《한국 수학사학회지》(2005 11) '민속수학과 목제주령구의 확률 연구'

《한국 수학사학회지》(2006 8) '목제주령구(木製酒令具)의 제작기법 및 수학교
육적 의미'

기타자료

《경향신문》 (2007) '역사 속 수학이야기'
《신동아》(1969년 5월호) '석굴암 원형 보존의 위기'
조선왕조실록 홈페이지 (http://sillok.history.go.kr)
경주애(경주시 공식 블로그) 주령구 자료 (http://gyeongju_e.blog.me/
120123717698)
네이버 백과사전 (산가지/차근방몽구)
SBS 드라마 〈뿌리 깊은 나무〉 1, 2회
MBC 드라마 〈선덕여왕〉 6회
봉당 교육터 홈페이지
석불사 홈페이지
성균관대학교, 한양대학교 박물관
국립중앙도서관

우리 역사 속 수학 이야기

1판 1쇄 발행 2012년 8월 24일
1판 26쇄 발행 2020년 4월 10일

지은이 ｜ 이장주
펴낸이 ｜ 신동렬
책임편집 ｜ 구남희
편집 ｜ 현상철·신철호
디자인 ｜ 에테르나인팩토리
마케팅 ｜ 박정수·김지현

펴낸곳 ｜ 성균관대학교 출판부
등록 ｜ 1975년 5월 21일 제1975-9호
주소 ｜ 03063 서울특별시 종로구 성균관로 25-2
전화 ｜ 02)760-1253~4
팩스 ｜ 02)760-7452
홈페이지 ｜ http://press.skku.edu

잘못된 책은 구입한 곳에서 교환해 드립니다.